BIM技术案例教程
——Revit建模（建筑+结构+机电）

主　编　张　宁　单春阳　韩肖禹

副主编　刘新月　王　芳　刘晓光

　　　　王　蕊　杨孝禹　张玉莹

华中科技大学出版社
http://www.hustp.com
中国·武汉

图书在版编目(CIP)数据

BIM 技术案例教程:Revit 建模:建筑＋结构＋机电/张宁,单春阳,韩肖禹主编.—武汉 : 华中科技大学出版社,2021.6
(2022.12重印)
ISBN 978-7-5680-7410-0

Ⅰ.①B… Ⅱ.①张… ②单… ③韩… Ⅲ.①建筑设计-计算机辅助设计-应用软件-教材 Ⅳ.①TU201.4

中国版本图书馆 CIP 数据核字(2021)第 151068 号

BIM 技术案例教程——Revit 建模(建筑＋结构＋机电)
BIM Jishu Anli Jiaocheng——Revit Jianmo(Jianzhu＋Jiegou＋Jidian)

张　宁　单春阳　韩肖禹　主编

策划编辑:康　序
责任编辑:李曜男
封面设计:孢　子
责任监印:朱　玢
出版发行:华中科技大学出版社(中国·武汉)　　电话:(027)81321913
　　　　　武汉市东湖新技术开发区华工科技园　　邮编:430223
录　　排:武汉创易图文工作室
印　　刷:湖北新华印务有限公司
开　　本:889mm×1194mm　1/16
印　　张:11
字　　数:389 千字
版　　次:2022 年 12 月第 1 版第 2 次印刷
定　　价:58.00 元

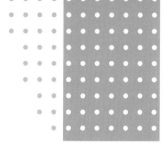

FOREWORD
前言

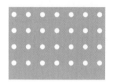

　　Revit 软件是一款智能的设计和制图工具,Revit 可以创建面向建筑工程及管道工程的建筑信息模型。利用 Revit 软件完成建筑信息模型,可以最大限度地提高基于 Revit 的建筑工程设计和制图的效率,最大限度地减少建筑设备专业设计团队之间及其与建筑师和结构工程师之间的协调错误。通过实时的可视化功能,可以改善与客户的沟通并更快地做出决策。此外,它还能为工程师提供更佳的决策参考和建筑性能分析,促进可持续性设计。设计师可以通过创建逼真的示意图,改善与甲方的设计意图沟通。通过使用建筑信息模型,设计师之间可以交换工程设计数据并从中受益。同时,可以尽早发现错误,避免让错误进入现场并造成代价高昂的现场设计返工。

　　近几年来,随着 BIM 行业的不断发展,越来越多的教程案例得以涌现,以满足从业者的需求。但是在众多的教材中,因缺少实战教程案例,对想快速入门的初学者来说,可选择性不佳。为满足广大 BIM 爱好者的需求,我们结合实际案例,编写了此书。

　　本书分为 4 篇。第 1 篇为建筑部分,主要包括 Revit 的总体介绍,以及标高、轴网、门窗、楼板、墙体、屋顶、楼梯、扶手、柱、梁、结构构件等的绘制。第 2 篇为结构部分。第 3 篇为机电部分,主要介绍水、暖、电三个专业的功能应用及模型创建,综合水、暖、电三个专业的模型进行碰撞检查,还介绍了 MEP 明细表功能在工程量统计中的应用。第 4 篇为定制化模型设计。本书结合实例,将理论应用于实践,能帮助读者更好地掌握和应用 Revit 软件。

　　为了方便教学,本书还配有电子课件等资料,读者可以登录"我们爱读书"网(www.ibook4us.com)浏览,也可以发邮件至 husttujian@163.com 索取。

　　限于作者水平,书中论述难免有不妥之处,望读者批评指正。

CONTENTS
目录

第 1 篇　建筑部分 ··· 1

项目 1　Revit Architecture 基础知识 ··· 2

　　任务 1　Revit Architecture 软件概述 ·· 2

　　任务 2　工作界面介绍与基本工具应用 ··· 8

项目 2　绘制标高和轴网 ··· 19

　　任务 1　绘制标高 ··· 19

　　任务 2　绘制轴网 ··· 21

项目 3　地下一层墙体的绘制和编辑 ·· 24

　　任务 1　绘制地下一层外墙 ··· 24

　　任务 2　绘制地下一层内墙 ··· 25

项目 4　门窗和楼板 ··· 27

项目 5　二层 ·· 38

　　任务 1　搭建二层墙体 ··· 38

　　任务 2　编辑二层外墙、内墙 ·· 40

　　任务 3　插入和编辑门窗 ··· 42

　　任务 4　编辑二层楼板 ··· 43

项目 6　楼梯和扶手 ··· 46

　　任务 1　创建室外楼梯 ··· 46

　　任务 2　创建室内楼梯 ··· 49

　　任务 3　多层楼梯 ··· 51

　　任务 4　楼梯洞口 ··· 52

　　任务 5　主入口台阶 ··· 52

　　任务 6　地下一层台阶 ··· 53

项目 7　柱、梁和结构构件 ··· 55

　　任务 1　地下一层平面结构柱 ·· 55

　　任务 2　首层平面结构柱 ··· 55

　　任务 3　二层平面建筑柱 ··· 56

　　任务 4　二层栏杆扶手 ··· 57

项目8　场地 ·· 58

　　任务1　地形表面 ··· 58

　　任务2　建筑地坪 ··· 59

第2篇　结构部分 ·· 61

项目1　基础的创建 ·· 62

　　任务1　独立基础的创建 ·· 62

　　任务2　条形基础的创建 ·· 63

　　任务3　筏板基础的创建 ·· 64

项目2　结构梁与梁系统的创建 ·· 66

　　任务1　结构梁绘制 ··· 66

　　任务2　梁系统绘制 ··· 67

项目3　结构钢筋的创建 ·· 69

　　任务1　梁内钢筋绘制 ··· 69

　　任务2　板内钢筋绘制 ··· 70

项目4　钢结构的创建 ·· 72

　　任务1　桁架绘制 ··· 72

　　任务2　支撑绘制 ··· 72

第3篇　机电部分 ·· 75

项目1　Revit MEP 绪论 ··· 76

　　任务1　Revit MEP 2016 简介 ·· 76

　　任务2　参数化的意义 ··· 78

　　任务3　Revit MEP 使内容保持更新状态 ······································ 78

　　任务4　参数化模型中的图元行为 ··· 78

　　任务5　理解 Revit MEP 术语 ·· 79

　　任务6　Revit MEP 界面的各组成部分 ·· 80

项目2　食堂水模型的搭建 ·· 85

　　任务1　单元准备 ··· 85

　　任务2　给水排水系统 ··· 90

　　任务3　消防系统 ··· 96

项目3　食堂暖通模型的搭建 ·· 102

　　任务1　单元准备 ··· 102

　　任务2　通风系统 ··· 106

　　任务3　采暖系统 ··· 113

项目4　食堂电气模型的搭建 ·· 118

　　任务1　单元准备 ··· 118

　　任务2　强电系统 ··· 122

　　任务3　弱电系统 ··· 128

项目5　食堂的工程量统计 ·· 133

　　任务1　创建实例明细表 ·· 133

任务 2 编辑明细表 ·· 136

项目 6 Revit MEP 的新功能 ··· 137

  任务 1 提升了 Revit MEP 在视图中的性能 ·································· 137

  任务 2 螺纹风管和管道标记 ·· 137

  任务 3 新的压降计算方法 ·· 137

  任务 4 改进的学习工具 ·· 137

  任务 5 Electrical API 增强功能 ·· 137

  任务 6 明细表增强功能 ·· 138

第 4 篇 定制化模型设计 ·· 139

 项目 1 族 ··· 140

  任务 1 可载入族 ··· 140

  任务 2 内建模型 ··· 153

 项目 2 体量 ··· 157

  任务 1 概念体量 ··· 157

  任务 2 内建体量 ··· 160

  任务 3 面模型的创建 ·· 161

参考文献 ·· 167

第 1 篇 ▶ ▶ ▶

○ ○ ○ 　建 筑 部 分

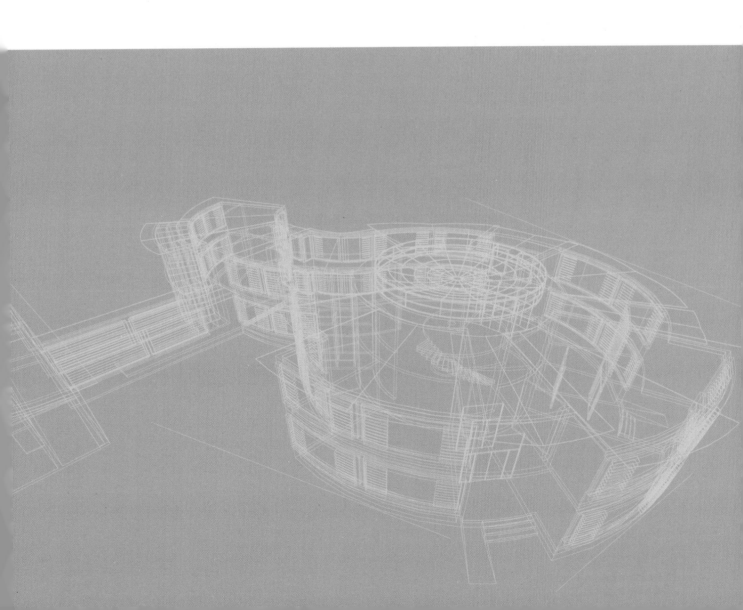

Revit Architecture 基础知识

任务 1 　Revit Architecture 软件概述

在本任务中，我们将了解 Revit Architecture 软件的基本构架和它们之间的有机联系，初步熟悉 Revit Architecture 2016 的用户界面和一些基本操作命令，掌握三维设计制图的原理，了解 Revit Architecture 作为一款建筑信息模型软件的基本应用特点。

1.软件的 5 种图元要素

（1）主体图元包括墙、楼板、屋顶和天花板、场地、楼梯、坡道等。

主体图元的参数设置，如大多数的墙，都可以设置构造层、厚度、高度等，如图 1-1-1 所示。楼梯都具有踏面、踢面、休息平台、梯段宽度等参数，如图 1-1-2 所示。

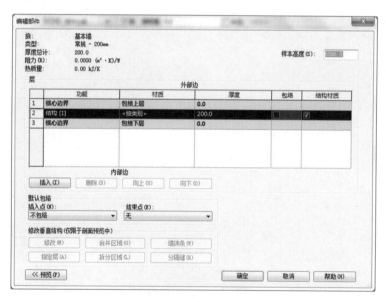

图 1-1-1　主体图元的参数设置

主体图元的参数设置由软件系统预先设置，用户不能自由添加参数，只能修改原有的参数，编辑创建新的主体类型。

（2）构件图元包括门窗、家具、植物等三维模型构件。

构件图元和主体图元具有依附关系，如果门窗构件是安装在墙体上的，删除墙，则墙体上安装的门窗构件

图 1-1-2 楼梯的参数设置

同时被删除,这是 Revit 软件的特点之一。

构件图元的参数设置相对灵活,变化较多,所以在 Revit 中,用户可以自行定制构件图元,设置各种需要的参数类型,以满足参数化设计修改的需要,如图 1-1-3 所示。

图 1-1-3 构件图元的参数设置

(3)注释图元包括尺寸标注、文字注释、标记和符号等。

注释图元的样式都可以由用户自行定制,以满足各种本地化设计应用的需要,比如展开项目浏览器的族中注释符号的子目录,即可编辑修改相关注释族的样式,如图 1-1-4 所示。

Revit 中的注释图元与其标注、标记的对象之间具有某种特定的关联，如门窗定位的尺寸标注：若修改门窗位置或门窗大小，其尺寸标注会自动修改；若修改墙体材料，则墙体材料的材质标记会自动变化。

（4）基准面图元包括标高、轴网、参照平面等。

因为 Revit 是一款三维设计软件，而三维建模的工作平面设置是其中非常重要的环节，所以标高、轴网、参照平面等基准面图元就为我们提供了三维设计的基准面。

此外，我们还经常使用参照平面来绘制定位辅助线，以及绘制辅助标高或设定相对标高偏移来定位。绘制楼板时，软件默认在所选视图的标高上绘制，我们可以通过设置相对标高偏移值来调整，如卫生间下降楼板等，如图 1-1-5 所示。

图 1-1-4　项目浏览器　　　　图 1-1-5　设置相对标高偏移值

（5）视图图元包括楼层平面图、天花板平面图、三维视图、立面图、剖面图及明细表等。视图图元的平面图、立面图、剖面图及三维轴测图、透视图等都是基于模型生成的视图表达，它们是相互关联的，可以通过软件对象样式的设置来统一控制各个视图的对象显示，如图 1-1-6 所示。

每一个平面、立面、剖面视图都具有相对的独立性，如每一个视图都可以设置其独有的构件可见性、详细程度、出图比例、视图范围等，这些都可以通过调整每个视图的视图属性来实现，如图 1-1-7 所示。

Revit Architecture 软件的基本构架就是由以上 5 种图元要素构成的。对以上图元要素的设置、修改及定制等操作都有相似的规律，需要读者用心体会。

2."族"的名词解释和软件的整体构架关系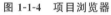

Revit Architecture 软件作为一款参数化设计软件，族的概念需要深入理解和掌握。族的创建和定制，使软件具备了参数化设计的特点及实现本地化项目定制的可能性。族是一个包含通用属性（称作参数）集和相关图形表示的图元组，所有添加到 Revit Architecture 项目中的图元（从用于构成建筑模型的结构构件、墙、屋顶、窗和门到用于记录该模型的详图索引、装置、标记和详图构件），都是使用族来创建的。

在 Revit Architecture 中，有以下 3 种族。

（1）内建族：在当前项目为专有的构件创建的族，不需要重复利用。

（2）系统族：包含基本建筑图元，如墙、屋顶、天花板、楼板及其他要在施工场地使用的图元。标高、轴网、图

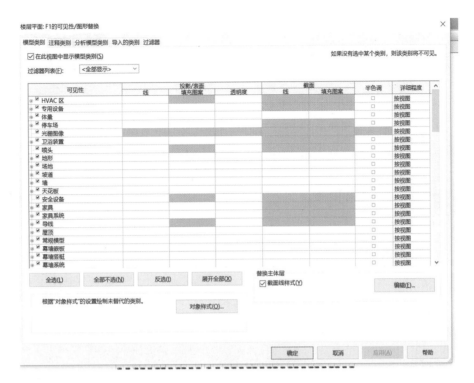

图 1-1-6　软件对象样式的设置

图 1-1-7　调整视图属性

纸和视口类型的项目和系统设置也是系统族。

（3）标准构件族：用于创建建筑构件和一些注释图元的族，例如门窗、橱柜、装置、家具、植物和一些常规自定义的注释图元（如符号和标题栏等），它们具有可自定义高度的特征，可重复利用。

在应用 Revit Architecture 软件进行项目定制的时候，首先需要了解：该软件是一个有机的整体，它的 5 种图元要素之间是相互影响和密切关联的。所以，我们在应用软件进行设计、参数设置及修改时，需要考虑软件的整体构架关系。

以窗族的图元可见性、子类别设置和详细程度等设置来说，族的设置与建筑设计表达密切相关。

在制作窗族时，我们通常设置窗框竖梃，同时设置玻璃在平面视图中不可见，因为按照中国的制图标准，窗户表达为 4 条细线，如图 1-1-8 所示。

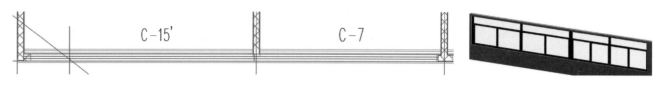

图 1-1-8　制作窗族

在制作窗族时，我们还需要为每一个构件设置其所属子类别，因为某些时候我们还需要在项目中单独控制窗框、玻璃等构件或符号在视图中的显示，如图 1-1-9 所示。

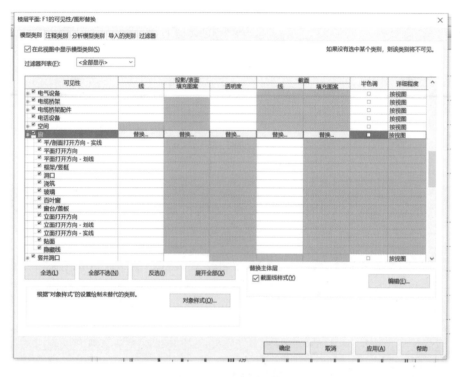

图 1-1-9　子类别设置

此外，项目中窗的平面表达，在 1：100 的视图比例和 1：20 的视图比例中，它们的平面显示的要求是不同的，应在制作窗族设置详细程度时加以考虑，如图 1-1-10 所示。

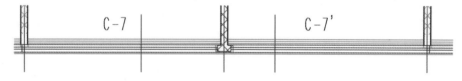

图 1-1-10　设置详细程度

在项目中，门窗标记与门窗表，以及族的类型名称也是密切相关的，需要综合考虑。比如在项目图纸中，门窗标记的默认位置和标记族的位置有关，如图 1-1-11 所示。

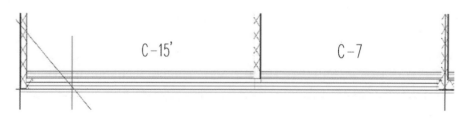

图 1-1-11　门窗标记

标记族选用的标签与门窗表选用的字段有关,如图 1-1-12 所示。

A	B	C	D	E	F	G	H	I	J	K
型号	合计	宽度	成本	部件名称	高度	顶高度	类型标记	类型	底高度	族与类型
	1	3440			2100	3170	C1524	C-6	1070	组合窗 - 双
	1	3520			2100	3170	C1525	C-7	1070	组合窗 - 双
	1	3520			2100	3170	C1525	C-7	1070	组合窗 - 双
	1	4040			2100	3170	C1526	C-15	1070	组合窗 - 双
	1	4440			2100	3170	C1527	C-15'	1070	组合窗 - 双
	1	3520			2100	3170	C1525	C-7	1070	组合窗 - 双
	1	3150			2100	3170	C1528	C-10	1070	组合窗 - 双
	1	3520			2100	3170	C1525	C-7	1070	组合窗 - 双
	1	3520			2100	3170	C1525	C-7	1070	组合窗 - 双
	1	3440			2100	3170	C1529	C-10'	1070	组合窗 - 双
	1	3440			2100	3170	C1524	C-6	1070	组合窗 - 双
	1	3525			2100	3170	C1525	C-7	1070	组合窗 - 双
	1	3440			2100	3170	C1524	C-6	1070	组合窗 - 双
	1	3440			2100	3170	C1524	C-6	1070	组合窗 - 双
	1	3520			2100	3170	C1525	C-7	1070	组合窗 - 双
	1	3440			2100	3170	C1524	C-6	1070	组合窗 - 双
	1	3465			2100	3170	C1530	C-16/2	1070	组合窗 - 双
	1	3520			2100	3170	C1525	C-7	1070	组合窗 - 双
	1	3440			2100	3170	C1524	C-6	1070	组合窗 - 双
	1	3360			2100	3170	C1532	C-11'	1070	组合窗 - 双

图 1-1-12 门窗表

在调用门窗族类型的时候,为了方便从类型选择器中选用门窗,我们需要把族的名称和类型名称定义得直观、易懂。按照中国标准的图纸表达习惯,最好的方式就是把族名称、类型名称与门窗标记族的标签,以及明细表中选用的字段关联起来,作为一个整体来考虑,如图 1-1-13 所示。

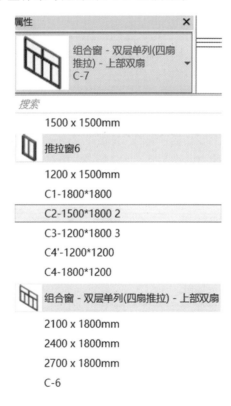

图 1-1-13 定义族

3. Revit Architecture 的应用特点

了解 Revit Architecture 的应用特点,我们才能更好地结合项目需求,做好项目应用的整体规划,避免事后返工。

首先要建立三维设计和建筑信息模型的概念。创建的模型应具有现实意义,比如创建墙体模型,它不仅要有高度特征,而且有构造层,有内外墙的差异,有材料特性、时间及阶段信息等,所以,创建模型时,这些都需要根据项目应用需要加以考虑。

关联和关系的特性：平、立、剖面图纸与模型、明细表的实时关联，即一处修改，处处修改的特性；墙和门窗的依附关系，墙能附着于屋顶楼板等主体的特性；栏杆能指定坡道楼梯为主体、尺寸、注释和对象的关联关系等。

参数化设计的特点：类型参数、实例参数、共享参数等对构件的尺寸、材质、可见性、项目信息等属性的控制；不仅是建筑构件的参数化，而且可以通过设定约束条件实现标准化设计，如整栋建筑单体的参数化、工艺流程的参数化、标准厂房的参数化设计。

设置限制性条件，即约束，如设置构件与构件、构件与轴线的位置关系，设定调整变化时的相对位置变化的规律。

协同设计的工作模式：工作集（在同一个文件模型上协同）和链接文件管理（在不同文件模型上协同）。

阶段的应用引入了时间的概念，实现设计施工建造管理的相关应用。阶段设置可以和项目工程进度相关联。

实时统计工程量的特性：可以根据阶段的不同，按照工程进度的不同阶段分期统计工程量。

任务2　工作界面介绍与基本工具应用

Revit Architecture 2016 界面与旧版本的 Revit 软件的界面相比变化很大，界面变化的主要目的就是简化工作流程。在 Revit Architecture 2016 中，只需单击几次，便可以修改界面，从而更好地支持人们的工作，例如可以将功能区设置为 3 种显示设置之一，还可以同时显示若干项目视图，或按层次放置视图以仅看到最上面的视图，如图 1-1-14 所示。

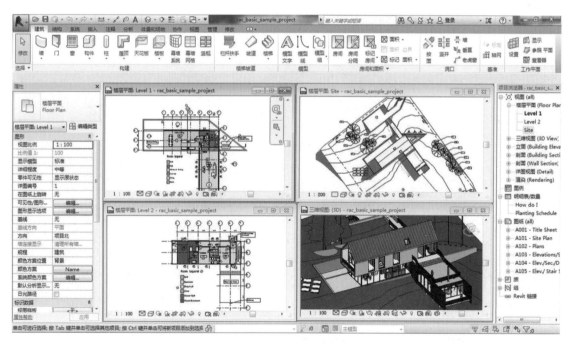

图 1-1-14　工作界面

1. 应用程序菜单 ▽

应用程序菜单提供对常用文件操作的访问，如"新建""打开"和"保存"菜单。应用程序菜单还允许使用更高级的工具（如"导出"和"发布"）来管理文件。单击 ![按钮] 按钮打开应用程序菜单，如图 1-1-15 所示。

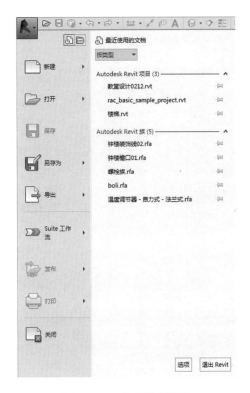

图 1-1-15　应用程序菜单

在 Revit Architecture 2016 中自定义快捷键时,选择应用程序菜单中的"选项"命令,弹出"选项"对话框,然后单击"用户界面"选项卡中的"自定义"按钮,在弹出的"快捷键"对话框中进行设置,如图 1-1-16 所示。

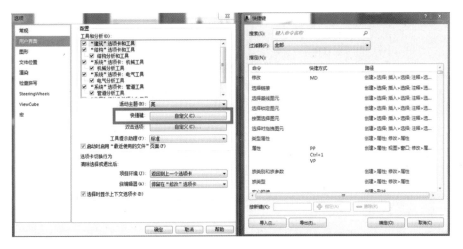

图 1-1-16　自定义快捷键

2. 快速访问工具栏

单击快速访问工具栏后的下拉按钮 ,将弹出工具列表,在 Revit Architecture 2016 中每个应用程序都有一个 QAT,增加了 QAT 中的默认命令的数目。若要在快速访问工具栏中添加功能区的按钮,可在功能区单击鼠标右键,在弹出的快捷菜单中选择"添加到快速访问工具栏"命令,按钮会添加到快速访问工具栏默认命令的右侧,如图 1-1-17 所示。

可以对快速访问工具栏中的命令进行向上、向下移动,添加分隔符、删除命令等操作,如图 1-1-18 所示。

图 1-1-17 添加到快速访问工具栏

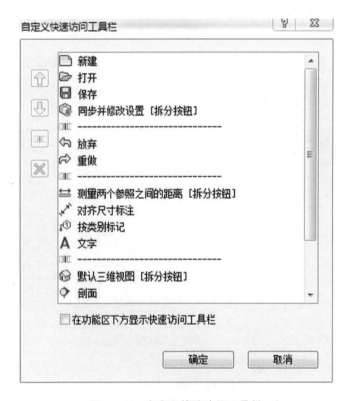

图 1-1-18 自定义快速访问工具栏

3. 功能区 3 种类型的按钮

功能区包括以下 3 种类型的按钮。

（1）按钮（如天花板 天花板）：单击可调用工具。

（2）下拉按钮：如图1-1-19所示，"墙"包含一个下拉按钮，用以显示附加的相关工具。

（3）分割按钮：调用常用的工具或显示包含附加相关工具的菜单。

【提示】 如果按钮上有一条线将按钮分割为2个区域：单击上部（或左侧）可以访问最常用的工具；单击另一侧可显示相关工具的列表，如图1-1-19所示。

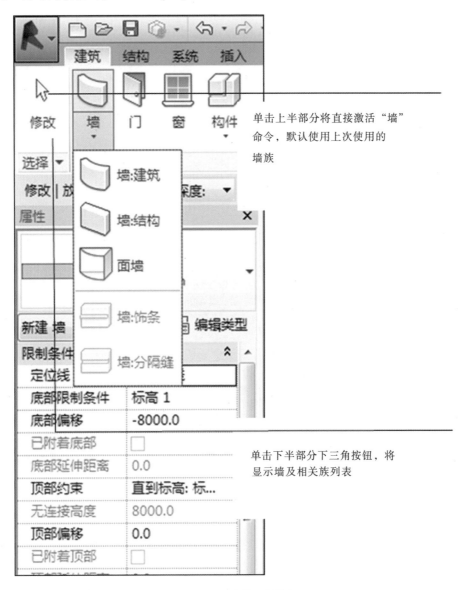

图 1-1-19 功能区的按钮

4.上下文功能区选项卡

激活某些工具或者选择图元时，会自动增加并切换到一个"上下文功能区选项卡"，其中包含一组只与该工具或图元的上下文相关的工具，如图1-1-20所示。

例如，单击"墙"工具时，将显示"放置墙"的上下文功能区选项卡，其中显示以下3个面板。

（1）选择：包含"修改"工具。

（2）图元：包含"图元属性"和"类型选择器"。

（3）图形：包含绘制墙草图所必需的绘图工具。

退出该工具时，上下文功能区选项卡即会关闭。

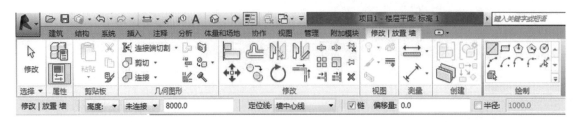

图 1-1-20　上下文功能区选项卡

5. 全导航控制盘

全导航控制盘将查看对象控制盘和巡视建筑控制盘上的三维导航工具组合到一起。用户可以通过全导航控制盘查看各个对象，以及围绕模型进行漫游和导航。全导航控制盘（大）和全导航控制盘（小）经优化适合有经验的用户使用，如图 1-1-21 所示。

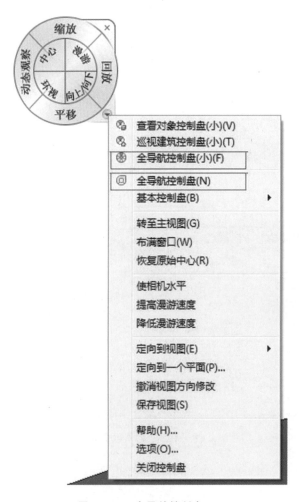

图 1-1-21　全导航控制盘

【注意】 显示其中一个全导航控制盘时，单击任何一个选项，然后按住鼠标不放即可进行调整，如按住缩放，前后拉动鼠标可进行视图大小的控制。

切换到全导航控制盘（大）：在控制盘上单击鼠标右键，在弹出的快捷菜单中选择"全导航控制盘"命令。

切换到全导航控制盘（小）：在控制盘上单击鼠标右键，在弹出的快捷菜单中选择"全导航控制盘（小）"命令。

6. ViewCube

ViewCube 是一个三维导航工具,可指示模型的当前方向,并方便用户调整视点,如图 1-1-22 所示。

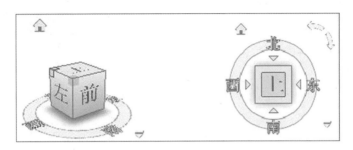

图 1-1-22　ViewCube

主视图是随模型一同存储的特殊视图,可以方便地返回已知视图或熟悉的视图,用户可以将模型的任何视图定义为主视图。

具体操作:在 ViewCube 上单击鼠标右键,在弹出的快捷菜单中选择"将当前视图设定为主视图"命令。

7. 视图控制栏

视图控制栏位于 Revit 窗口底部的状态栏上方,界面为 **1 ：100**　　　　　　　　　　　　　　。通过它,可以快速访问影响绘图区域的功能。视图控制栏工具从左向右依次表示 14 种功能。

(1)比例。

(2)详细程度。

(3)模型图形样式:单击可选择线框、隐藏线、着色、一致的颜色和真实 5 种模式,同时增加了新的选项卡——"图形显示选项",此选项后面会有详细介绍。

(4)打开/关闭日光路径。

(5)打开/关闭阴影。

(6)显示/隐藏"渲染"对话框(当绘图区域显示三维视图时才可用)。

(7)打开/关闭裁剪区域。

(8)显示/隐藏裁剪区域。

(9)锁定/解锁三维视图。

(10)临时隐藏/隔离。

(11)显示隐藏的图元。

(12)临时视图属性:单击可选择启用临时视图属性、临时应用样板属性和回复视图属性。

(13)显示/隐藏分析模型。

(14)高亮显示位移集。

【要点】　在 Revit Architecture 2016 的图形显示选项功能面板中,如图 1-1-23 所示,可进行模型显示、阴影、勾绘线、照明、摄影曝光和背景等命令的相关设置,如图 1-1-24 所示。

进行相关设置并打开日光路径 后,在三维视图中会有图 1-1-25 所示的效果。

可以通过直接拖拽图中的太阳,或修改时间来模拟不同时间段的光照情况,还可以通过拖拽太阳轨迹来修改日期,如图 1-1-26 所示。

图 1-1-23　图形显示选项

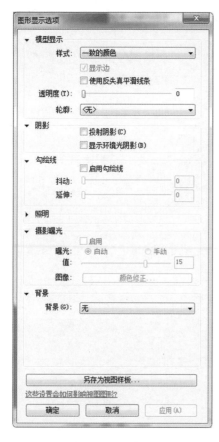

图 1-1-24　图形显示设置

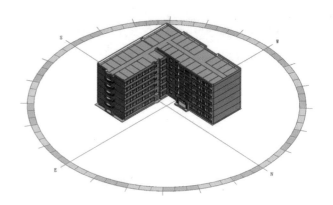

图 1-1-25　设置并打开日光路径后的效果图

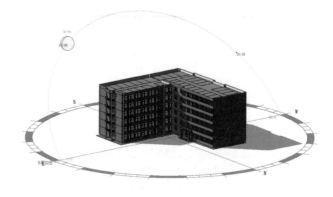

图 1-1-26　光照模拟

也可以在"日光设置"对话框中进行设置并保存，如图 1-1-27 所示。

图 1-1-27　日光设置

打开三维制图，单击锁定/解锁三维视图功能按钮，如图 1-1-28 所示，用于锁定三维视图并添加保存命令的操作。

图 1-1-28　锁定/解锁三维视图

8.常规编辑命令的应用 ▼

常规编辑命令适用于软件的整个绘图过程,如移动、复制、旋转、阵列、镜像、对齐、拆分、修剪、偏移等编辑命令,如图 1-1-29 所示,下面主要通过墙体和门窗的编辑来详细介绍。

1)墙体的编辑

(1)选择"修改|墙"选项卡,出现"修改"面板下的编辑命令,如图 1-1-29 所示。

①复制:在选项栏 修改|墙 □约束 □分开 □多个 中,勾选"多个"复选框,可复制多个墙体到新的位置,复制的墙与相交的墙自动连接,勾选"约束"复选框,可复制垂直方向或水平方向的墙体。

②旋转:拖拽中心点可改变旋转的中心位置,如图 1-1-30 所示。用鼠标拾取旋转参照位置和目标位置,旋转墙体。也可以在选项栏设置旋转角度值后按回车键旋转墙体。

【注意】 勾选"复制"复选框会在旋转的同时复制一个墙体的副本。

图 1-1-29　常规编辑命令

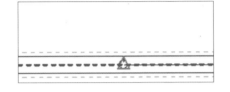

图 1-1-30　旋转

③阵列:勾选"成组并关联"选项,输入项目数,然后选择"移动到"选项中的"第二个"或"最后一个",再在视图中拾取参考点和目标位置,二者间距将作为第一个墙体和第二个或最后一个墙体的间距值,自动阵列墙体,如图 1-1-31 所示。

修改|墙	激活尺寸标注 ⟦⟧⟦⟧ ☑成组并关联 项目数:2 移动到:◉第二个 ○最后一个 □约束

图 1-1-31　阵列选项

④镜像:在"修改"面板的"镜像"下拉列表中选择"拾取镜像轴"或"绘制镜像轴"选项镜像墙体。

⑤缩放:选择墙体,单击"缩放"工具,在选项栏 ◉图形方式 ○数值方式 比例:0.463284 中选择缩放方式,选择"图形方式"选项按钮,单击整面墙体的起点、终点,以此作为缩放的参照距离,再单击墙体新的起点、终点,确认缩放后的大小距离,选择"数值方式"单选按钮,直接输入缩放比例数值,按回车键确认即可。

(2)选择"修改|墙"选项卡下"编辑"面板上的工具。

①对齐:在各视图中对图元进行对齐处理。选择目标图元,使用"Tab"功能键确定对齐位置,再选择需要对齐的图元,使用"Tab"功能键选择需要对齐的部位。

②拆分:在平面、立面或三维视图中单击墙体的拆分位置即可将墙在水平或垂直方向拆分成几段。

③修剪:单击"修剪"按钮即可修剪墙体。

④延伸:单击"延伸"工具下拉按钮,选择"修剪/延伸单个图元"或"修剪/延伸多个图元"命令,既可以修剪也可以延伸墙体。

⑤偏移:在选项栏设置偏移,可以将所选图元偏移一定的距离。

⑥复制:单击"复制"按钮可以复制平面或立面上的图元。

⑦移动:单击"移动"按钮可以将选定图元移动到视图中指定的位置。

⑧旋转:单击"旋转"按钮可以将图元绕选定的轴旋转至指定位置。

⑨镜像-拾取轴:可以使用现有线或边作为镜像轴,来镜像选定图元。

⑩镜像-绘制轴:绘制一条临时线,用作镜像轴。

⑪缩放:可以调整选定图元的大小。

⑫阵列：可以创建选定图元的线性阵列或半径阵列。

【注意】 如果偏移时需生成新的构件，勾选"复制"复选框，如图1-1-32所示。

图1-1-32 "复制"复选框

2）门窗的编辑

选择门窗，自动激活"修改门/窗"选项卡，在"修改"面板下编辑命令。

可在平面、立面、剖面、三维视图中移动、复制、阵列、镜像、对齐门窗。

在平面视图中复制、阵列、镜像门窗时，如果没有同时选择其门窗标记的话，可以在后期随时添加，在"注释"选项卡的"标记"面板中选择"全部标记"命令，然后在弹出的对话框中选择要标记的对象，并进行相应设置。所选标记将自动完成标记（和以往版本不同的是，对话框上方出现了"包括链接文件中的图元"，以后会涉及相关知识），如图1-1-33所示。

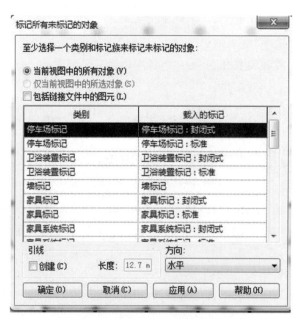

图1-1-33 标记

视图上下文选项卡上的基本命令如图1-1-34所示。

图1-1-34 视图上下文选项卡上的基本命令

①细线：软件默认的打开模式是粗线模型，当需要在绘图中以细线模型显示时，可选择"图形"面板中的"细线"命令。

②切换窗口：绘图时打开多个窗口，通过"窗口"面板上的"切换窗口"命令选择绘图所需的窗口。

③关闭隐藏对象：自动隐藏当前没有在绘图区域上使用的窗口。

④复制：选择该命令复制当前窗口。

⑤层叠：选择该命令，当前打开的所有窗口层叠地出现在绘图区域，如图 1-1-35 所示。

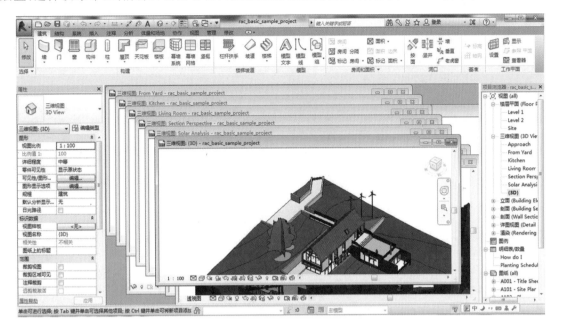

图 1-1-35 层叠

⑥平铺：选择该命令，当前打开的所有窗口平铺在绘图区域，如图 1-1-36 所示。

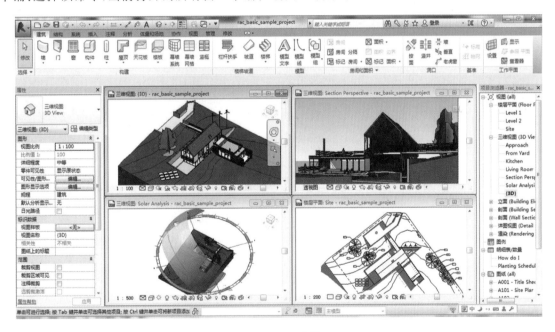

图 1-1-36 平铺

【注意】 以上界面中的工具在后面的内容中如有涉及，将根据需要进行详细介绍。

9.鼠标右键工具栏

在绘图区域单击鼠标右键，弹出快捷菜单，菜单命令依次为"取消""重复上一个命令""上次选择""查找相关视图""区域放大""缩小两倍""缩放匹配""平移活动视图""上一次平移/缩放""下一次平移/缩放""属性"，如图 1-1-37 所示。

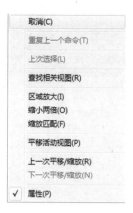

图 1-1-37　鼠标右键工具栏

项目 2 绘制标高和轴网

任务 1　绘制标高

在 Revit 中,"标高"命令必须在立面和剖面视图中才能使用,因此在正式开始项目设计前,必须先打开一个立面视图。

1. 创建标高

(1)在项目浏览器中展开"立面(建筑立面)"项,双击视图名称"南"进入南立面视图。

(2)点击选中标高 2F,将 1F 与 2F 之间的间距改为 3300 毫米,如图 1-2-1 所示。

图 1-2-1　修改间距

(3)点击选中标高 2F,选择"修改|标高"上下文选项卡"修改"面板里的"复制"命令,在选项栏勾选"约束""多个" 修改|标高 　☑约束 □分开 ☑多个。

设置完成后,移动光标在标高 2F 上单击捕捉一点作为复制参考点,把光标垂直往上移动一段距离,输入间距值 3000,点击"Enter"键完成标高绘制,点击两次"Esc"键,退出标高绘制;双击激活标高标头符号,把标高标头符号改为 3F,在空白处点击两下鼠标,完成标高标头符号的修改,如图 1-2-2 所示。

图 1-2-2　修改标高标头符号

修改后的结果如图 1-2-3 所示。

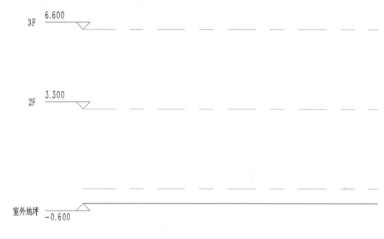

图 1-2-3　修改后的结果

（4）按照上述方法，再次利用"复制"命令，创建标高 0F、－1F 以及－1F-1。

（5）创建标高 0F、－1F 以及－1F-1 时，使用标高 2F 进行复制，连续输入两个标高之间的距离值，即分别输入 3750、2850、200，输入一个数值后，点击"Enter"键即可继续输入下一个数值，保证光标在将要复制标高的前方，标高复制完成后，修改标高符号。

2.编辑标高

（1）创建标高后，按住"Ctrl"键，单击选中标高 0F 和－1F-1，从类型选择器下拉列表中选择"标高：GB-下标高符号"类型，两个标头自动向下翻转方向，如图 1-2-4 所示。

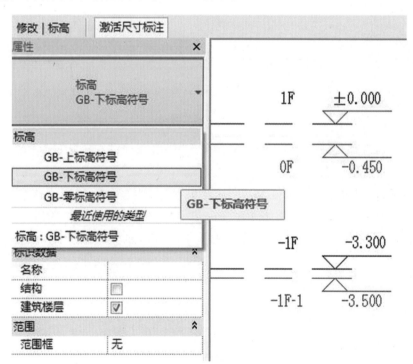

图 1-2-4　编辑标高

（2）单击选项卡"视图"→"平面视图"→"楼层平面"命令，打开"新建楼层平面"对话框，选中列表中所有标高，单击"确定"后，在项目浏览器中创建了新的楼层平面。

任务 2 绘制轴网

下面我们将在平面图中绘制轴网。在 Revit 中轴网只需要在任意一个平面视图中绘制一次,其他平面、立面、剖面视图中都将自动显示。

1. 创建轴网

(1)绘制标高后,在项目浏览器中双击"楼层平面"下的"1F"视图,打开首层平面视图。

(2)在"建筑"选项卡下的"基准"面板选择"轴网"命令,绘制第一条垂直轴线,轴线号为1(绘制竖向轴线时,从左往右绘制),点击两次"Esc"键,退出轴线绘制。

单击选中 1 号轴线,选用"复制"命令,单击捕捉 1 号轴线作为复制参考点,然后水平向右移动光标,直接输入数值 1200 后按"Enter"键,复制 2 号轴线。保持光标位于新复制的轴线右侧,分别输入 4300、1100、1500、3900、3900、600、2400 后按"Enter"键确认,绘制 3~9 号轴线,完成后点击两次"Esc"键,退出轴线绘制。

(3)选择 8 号轴线,标头文字变为蓝色,单击文字输入"1/7"后按"Enter"键确认,将 8 号轴线改为附加轴线。同理选择 9 号轴线,修改标头文字为"8",如图 1-2-5 所示。

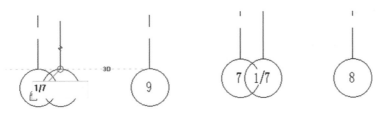

图 1-2-5 修改轴线号

(4)绘制水平方向轴网。在"建筑"选项卡下的"基准"面板选择"轴网"命令,创建第一条水平轴线,选择刚创建的水平轴线,修改标头文字为"A",创建 A 号轴线(绘制水平轴线时,从下往上绘制),如图 1-2-6 所示,完成后点击两次"Esc"键退出。

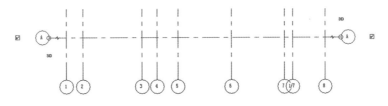

图 1-2-6 创建 A 号轴线

(5)选用"复制"命令,创建 B~I 号轴线。

移动光标在 A 号轴线上单击捕捉一点作为复制参考点,然后垂直向上移动光标,保持光标位于新复制的轴线上方,分别输入 4500、1500、4500、900、4500、2700、1800、3400,每次输入后按"Enter"键确认,如图 1-2-7 所示,完成后点击两次"Esc"键退出。

(6)选择 I 号轴线,修改标头文字为"J",创建 J 号轴线。

2. 编辑轴网

(1)创建轴网后,需要在平面和立面视图中手动调整轴线标头的位置,修改 7 号和 1/7 号轴线、D 号和 E 号轴线标头干涉等,以满足出图需求。

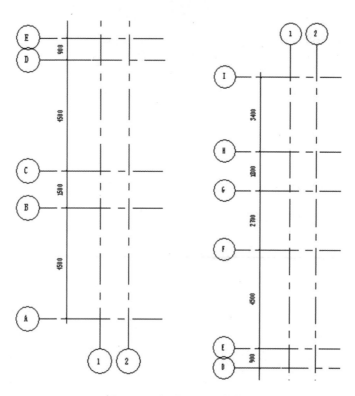

图 1-2-7　创建 B～I 号轴线

（2）单击选中 1/7 号轴线，单击框中的添加弯头符号，点击按住拖拽点，将轴线标头拖拽到适当位置，调整 D 号轴线、1/7 号轴线标头，如图 1-2-8 所示。轴线另一侧也做同样调整。

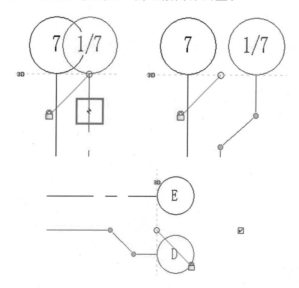

图 1-2-8　调整 D 号轴线、1/7 号轴线标头

（3）选中调整过标头的 D 号、1/7 号轴线，在"修改|轴线"上下文选项卡中点击 ，弹出"影响基准范围"对话框，选中所有平面，点击确定，如图 1-2-9 所示。

【注意】　调整影响范围，可让修改过的轴线影响其他平面。

（4）选中所有轴线，单击"修改|轴网"上下文选项卡中"修改"面板里的锁定命令 ，将所有轴线进行锁定，如图 1-2-10 所示。

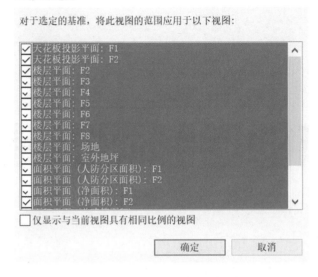

图 1-2-9　"影响基准范围"对话框

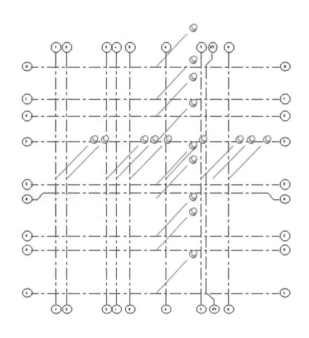

图 1-2-10　锁定轴线

（5）完成后保存文件，这是第一次保存项目文件，可保存为"1、标高和轴网"。

项目 3

地下一层墙体的绘制和编辑

任务 1　绘制地下一层外墙

(1)在项目浏览器中双击"楼层平面"下的"-1F",打开地下一层平面视图。

(2)单击选项卡"建筑"→"墙"命令,在类型选择器中选择"基本墙:剪力墙",设置限制条件"定位线"为"核心层中心线","底部限制条件"为"-1F-1","顶部约束"为"直到标高:1F","顶部偏移"和"底部偏移"均为"0.0",如图 1-3-1 所示。

图 1-3-1　修改剪力墙属性

(3)单击"绘制"面板下的"直线"命令 ,移动光标,单击鼠标左键按顺时针方向绘制图 1-3-2 所示的墙体。绘制完成后点击两次"Esc"键退出墙体绘制。

(4)单击选项卡"建筑"→"墙"命令,在类型选择器中选择外墙,设置限制条件"定位线"为"面层面:内部","底部限制条件"为"室外地坪","顶部约束"为"直到标高:F2","顶部偏移"和"底部偏移"均为"0.0",如图 1-3-3 所示。

(5)选择"绘制"面板下的"直线"命令,移动光标,单击鼠标左键捕捉 D 轴和 7 轴交点为绘制墙体起点,然后移动光标依次捕捉轴线交点进行绘制,到 E 轴和 5 轴交点处,光标垂直向下,输入 8280,点击"Enter"键,绘制确定尺寸长度的墙体,然后继续捕捉轴线,如图 1-3-4 所示。

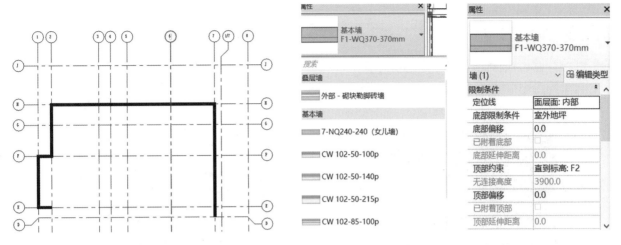

图 1-3-2　绘制墙体　　　　　　　　　　　　图 1-3-3　修改外墙属性

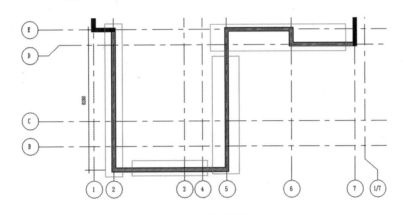

图 1-3-4　绘制外墙

（6）打开三维视图，检查刚绘制的墙体，如图 1-3-5 所示。

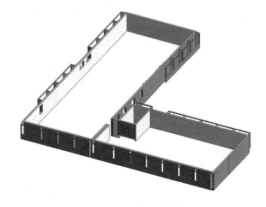

图 1-3-5　检查墙体

任务2　绘制地下一层内墙

（1）在项目浏览器中双击"楼层平面"下的"-1F"，打开地下一层平面视图。

（2）单击选项卡"建筑"→"墙"命令，在类型选择器中选择"基本墙：普通砖-240mm"，设置限制条件"定位线"为"核心层中心线"，"底部限制条件"为"-1F"，"顶部约束"为"直到标高：1F"，"顶部偏移"和"底部偏移"均为

"0.0"，按图 1-3-6 所示内墙位置捕捉轴线交点，绘制"普通砖-240mm"地下室内墙。

（3）在类型选择器中选择"基本墙:普通砖-100mm"，设置限制条件"定位线"为"核心层中心线"，"底部限制条件"为"-1F"，"顶部约束"为"直到标高:1F"，"顶部偏移"和"底部偏移"均为"0.0"，按图 1-3-7 所示内墙位置捕捉轴线交点，绘制"普通砖-100mm"地下室内墙。

（4）内墙绘制完成效果如图 1-3-8 所示。

（5）保存文件。

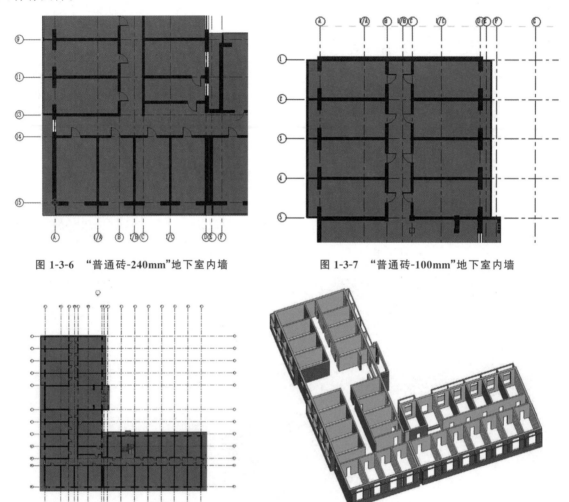

图 1-3-6　"普通砖-240mm"地下室内墙　　　　图 1-3-7　"普通砖-100mm"地下室内墙

图 1-3-8　内墙绘制完成效果

项 目 **4**

门窗和楼板

1. 放置地下一层的门

　　(1)打开"-1F"视图,单击选项卡"建筑"→"门"命令,在类型选择器中选择"单嵌板镶玻璃门"类型,如图 1-4-1 所示。

　　(2)在"修改|放置门"上下文选项卡中选择"在放置时进行标记",以便对门进行自动标记,如图 1-4-2 所示。如果需要引出"标记引线",选择"引线"并指定长度。

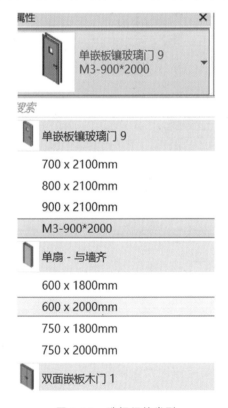

图 1-4-1　选择门的类型　　　　　　图 1-4-2　选择"在放置时进行标记"

　　【注意】　标记选项一般已经默认选中,放置门时确认一下即可。

　　(3)将光标移动到图 1-4-3 所示的位置,单击鼠标左键放置它,拖动蓝色控制点到 G 轴,修改尺寸值。

　　(4)同理,在类型选择器中分别选择"双面嵌板连窗玻璃门:M-14524""单嵌板镶玻璃门:M-30920""单嵌板镶玻璃门:M-40921""双面嵌板木门 M-51520"类型,按图 1-4-4 所示的位置插入地下一层墙上。完成后地下一层的门如图 1-4-4 所示。

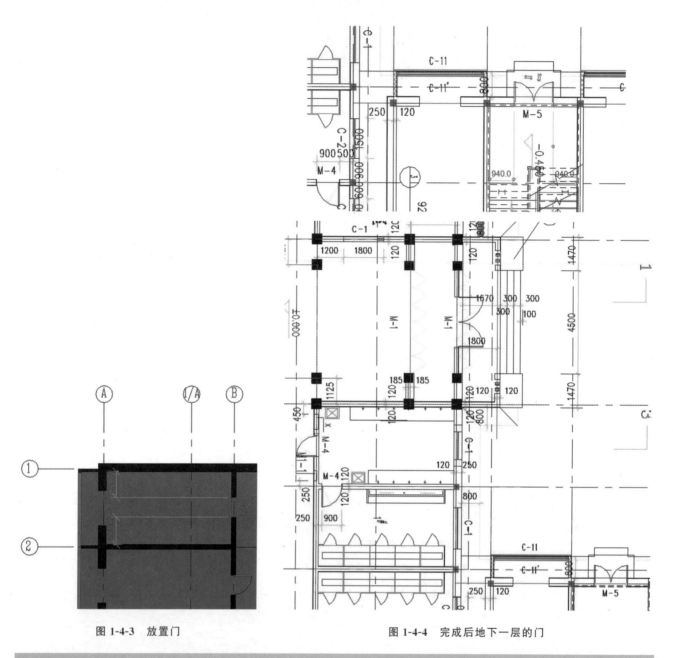

图 1-4-3 放置门

图 1-4-4 完成后地下一层的门

2. 放置地下一层的窗 ▼

(1)打开"-1F"视图,单击选项卡"建筑"→"窗"命令。

(2)在类型选择器中分别选择 "推拉窗:C-11818""推拉窗:C-21518""组合窗:C-72135""四扇推拉窗:C-62135""四扇推拉窗:C-112133"类型,按图 1-4-5 所示的位置,在墙上单击将窗放置在合适位置。

3. 编辑窗——定义窗台高 ▼

(1)在任意视图中选择"组合窗:C-62135",在属性栏修改"底高度"值为 1070,如图 1-4-6 所示。

(2)用同样的方法,编辑其他窗的底高度。C-42134——1700 mm 、 C-62134——1070 mm。编辑完成后的地下一层窗如图 1-4-7 所示。

(3)保存文件。选择"另存为"中的"项目",将项目文件另存为"3、地下一层门窗"。

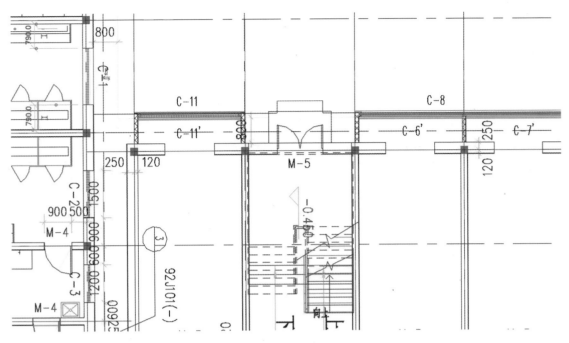

图 1-4-5　放置窗

图 1-4-6　修改底高度

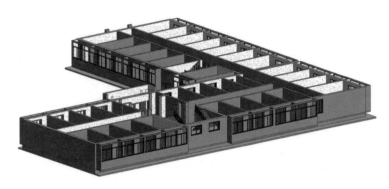

图 1-4-7　编辑完成后的地下一层窗

4.创建地下一层楼板

（1）打开地下一层平面视图。单击选项卡"建筑"→"楼板"→"楼板：建筑"命令，如图 1-4-8 所示，进入楼板绘制模式。

（2）在"属性"面板类型选择器里，选择楼板类型为"常规-200mm"，如图 1-4-9 所示

图 1-4-8　进入楼板绘制模式的方法

图 1-4-9　选择地下一层楼板类型

（3）选择"绘制"面板，单击"拾取墙"命令，在选项栏中设置偏移为"-20.0"，移动光标到外墙外边线上，依次单击拾取外墙外边线，创建楼板轮廓线，如图 1-4-10 所示。

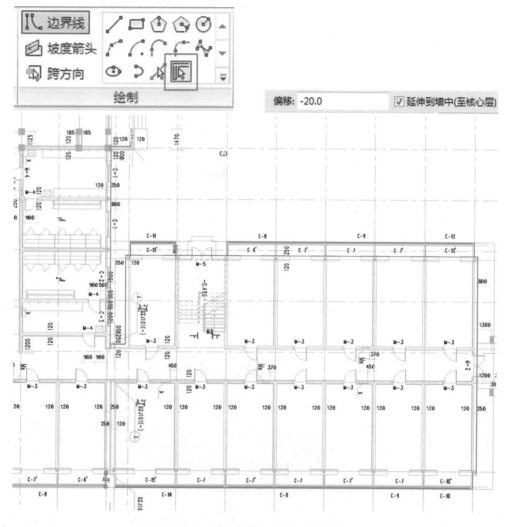

图 1-4-10　创建地下一层楼板轮廓线

（4）轮廓线绘制完成后，单击"完成绘制"命令，创建地下一层楼板，弹出图 1-4-11 所示的对话框，选择"是"。创建的地下一层楼板如图 1-4-12 所示。

（5）保存文件。选择"另存为"中的"项目"，将文件另存为"4、地下一层楼板"。

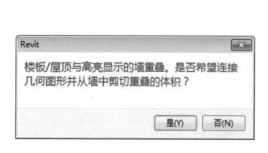

图 1-4-11　对话框

图 1-4-12　创建的地下一层楼板

5. 绘制首层外墙 ▼

（1）切换到三维视图，选择全部外墙。

（2）单击 "复制到粘贴板"命令，然后点击"粘贴"→"与选定的标高对齐"命令，打开"选择标高"对话框，单击选择"F1"，单击"确定"，如图 1-4-13 所示。

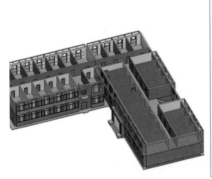

图 1-4-13　粘贴操作

（3）在项目浏览器中双击"楼层平面"项目下的"1F"，打开首层平面视图。框选所有构件，单击选项栏 "过滤选择集" 工具，打开"过滤器"对话框，取消勾选"墙"，单击"确定"选择所有门窗。按"Delete"键，删除所有门窗。

6. 编辑首层外墙 ▼

（1）调整外墙位置：单击"修改"工具栏中的"对齐"命令 ，点击轴网 B，再点击要对齐的墙体，使其中心线与 B 轴对齐，如图 1-4-14 所示。

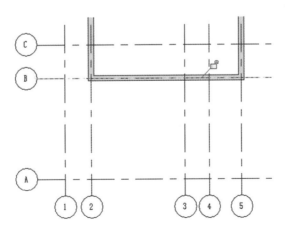

图 1-4-14　调整外墙位置

（2）单击设计栏"建筑"→"墙"命令，在类型选择器中选择"外墙-机刨横纹灰白色花岗石墙面"，在属性栏设置墙体限制条件，如图 1-4-15 所示。

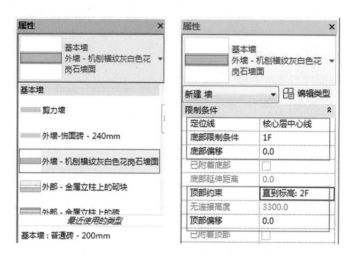

图 1-4-15　设置墙体限制条件

（3）选择"绘制"面板"直线"命令，移动光标，单击鼠标左键绘制图 1-4-16 所示的 3 面墙体。

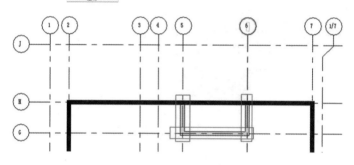

图 1-4-16　绘制 3 面墙体

（4）用"修改"面板的"对齐"命令，将 G 轴墙的外边线与 G 轴对齐，如图 1-4-17 所示。

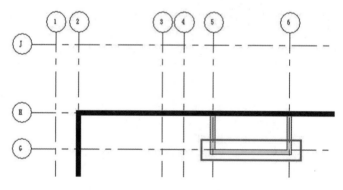

图 1-4-17　对齐 G 轴墙的外边线

（5）单击"修改"面板的"拆分图元"命令，如图 1-4-18 所示，移动光标到 H 轴上的墙 5、6 轴之间任意位置，单击鼠标左键将墙拆分为两段。

（6）单击工具栏的"修剪"命令，移动光标到 H 轴与 5 轴左边的墙上，单击，再移动光标到 5 轴的墙上，单击，这样，右侧多余的墙被修剪掉。同理，H 轴与 6 轴右边的墙也用此方法修剪，如图 1-4-19 所示。

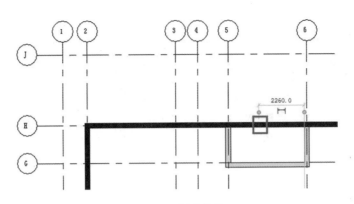

图 1-4-18　拆分墙体

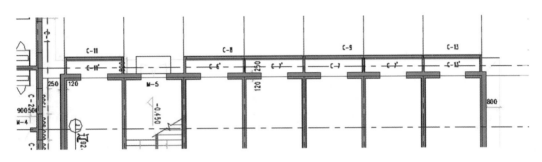

图 1-4-19　修剪墙体

（7）选择所有外墙,从类型选择器下拉列表中选择"外墙-机刨横纹灰白色花岗石墙面"类型,修改限制条件,更新所有外墙类型,如图 1-4-20 所示。

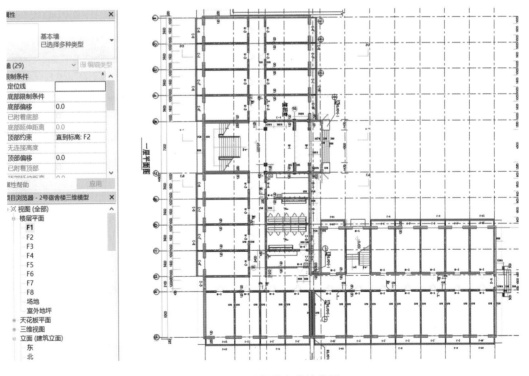

图 1-4-20　更新所有外墙类型

（8）打开三维视图,首层外墙如图 1-4-21 所示。

图 1-4-21　首层外墙

7. 绘制首层平面内墙

（1）单击设计栏"建筑"→"墙"命令，在类型选择器中选择"基本墙:普通砖-200mm"，设置参数"定位线"为"核心层中心线"，"底部限制条件"为"1F"，"顶部约束"为"直到标高:2F"，"底部偏移"和"顶部偏移"均为"0.0"，绘制图 1-4-22 所示的首层 200 mm 内墙。

（2）在类型选择器中选择"基本墙:普通砖-100mm"，设置参数"定位线"为"核心层中心线"，"底部限制条件"为"1F"，"顶部约束"为"直到标高:2F"，"底部偏移"和"顶部偏移"均为"0.0"，绘制图 1-4-23 所示的首层 100 mm 内墙。

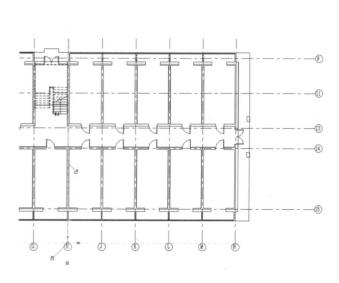

图 1-4-22　绘制首层 200 mm 内墙

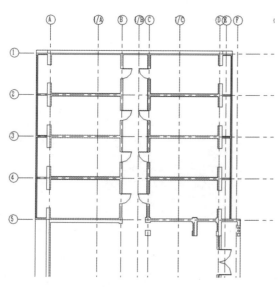

图 1-4-23　绘制首层 100 mm 内墙

（3）完成后的首层墙体如图 1-4-24 所示。

（4）保存文件。选择"另存为"中的"项目"，把项目文件另存为"5、首层墙体"。

8. 插入和编辑门窗

编辑完首层平面内外墙体后，即可创建首层门窗。

（1）接上节练习，在"项目浏览器"→"楼层平面"项下双击"1F"，打开首层平面。

（2）单击"建筑"→"门"命令，在类型选择器中分别选择门类型为"双面嵌板连窗玻璃门:M-14524""双面嵌板木门:M-21524""单嵌板镶玻璃门:M-30920""双面嵌板木门:M-51520"。按图 1-4-25 所示的位置移动光标到墙体上放置门，并精确定位。

（3）单击"建筑"→"窗"命令，按图 1-4-25 所示的位置移动光标到墙体上单击放置窗，并精确定位。

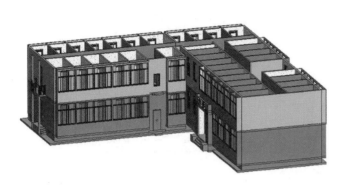
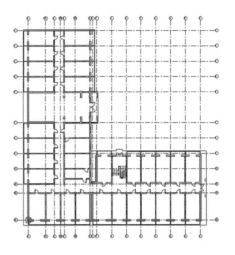

图 1-4-24 完成后的首层墙体

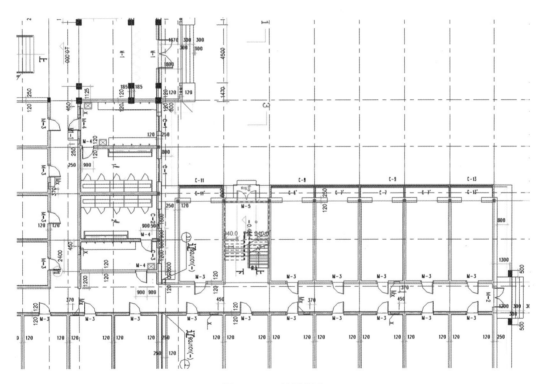

图 1-4-25 放置门窗

(4)编辑窗台高:选择各类型的窗,在属性栏里设置"底高度"参照。各窗的窗台高为 C-62134——900 mm、C-11818——600 mm、C-112133——900 mm、C-31218——900 mm、C-21518——900 mm。

完成后的首层门窗如图 1-4-26 所示。

(5)保存文件。选择"另存为"中的"项目",把项目文件另存为"6、首层门窗"。

9. 创建首层楼板

(1)打开首层平面 1F。单击"建筑"中的"楼板"命令,进入楼板绘制模式。

(2)在类型选择器里选择楼板类型为"常规-100 mm",如图 1-4-27 所示。

(3)单击"拾取墙"命令,设置偏移值为"-20.0",移动光标到外墙外边线上,依次单击拾取外墙外边线,自动创建楼板轮廓线,如图 1-4-28 所示。

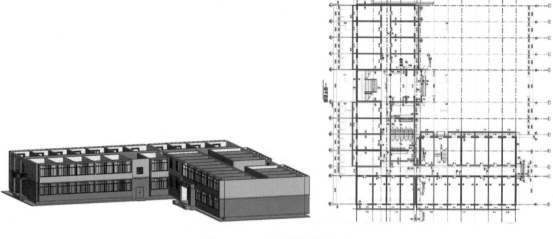

图 1-4-26　完成后的首层门窗

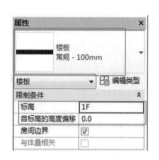

图 1-4-27　选择首层楼板类型

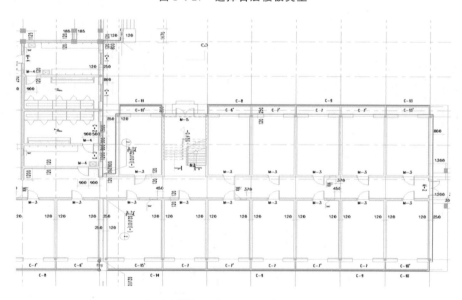

图 1-4-28　创建首层楼板轮廓线

（4）选择 B 轴下面的轮廓线，单击工具栏"移动"命令，光标往下移动，输入 8650。

（5）单击"绘制"面板"线"命令，绘制图 1-4-29 所示的线。单击工具栏"修剪"命令，完成后的楼板轮廓线草图如图 1-4-30 所示。

（6）单击"完成绘制"命令☑，创建首层楼板，如图 1-4-31 所示。

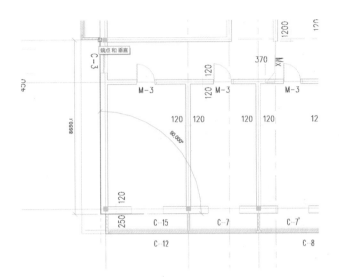

图 1-4-29　绘制线

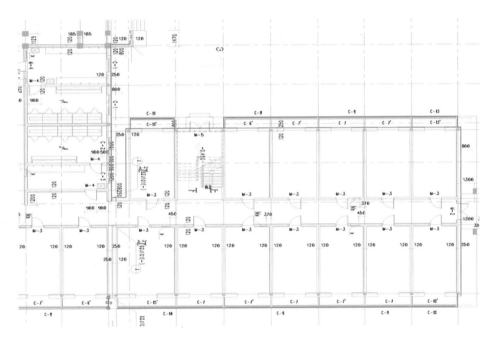

图 1-4-30　完成后的楼板轮廓线草图

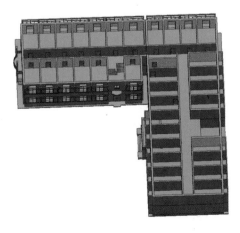

图 1-4-31　首层楼板三维视图

项目 5

二层

任务 1 搭建二层墙体

⚪ ⚪ ⚪

(1)点击"项目浏览器"→"立面"→"南立面",进入视图,框选首层所有构件,如图 1-5-1 所示。

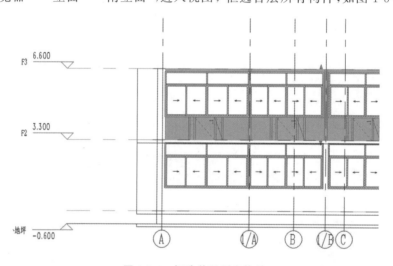

图 1-5-1 框选首层所有构件

(2)在构件选择状态下,单击选项栏"过滤器"工具,确保勾选"墙""门""窗""楼板"类别,单击"确定"关闭对话框,如图 1-5-2 所示。

图 1-5-2 "过滤器"工具

（3）单击"命令"面板的"剪贴板"的"复制到粘贴板"命令，单击"粘贴"下拉选项，选择"与选定的标高对齐"命令，打开"选择标高"对话框，单击选择"2F"，单击"确定"，如图1-5-3所示。

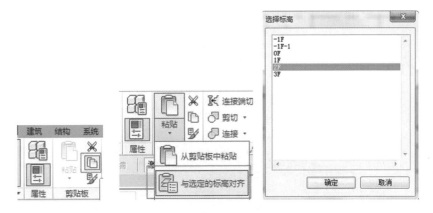

图 1-5-3　复制、粘贴操作

首层平面所有的构件都被复制到二层平面，如图1-5-4所示。

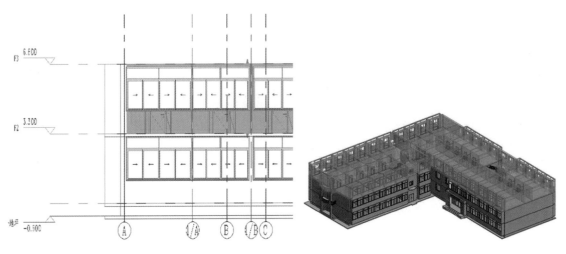

图 1-5-4　复制首层平面所有的构件到二层平面

（4）框选二层所有的构件，单击"过滤器"工具，勾选"门""窗"，单击"确定"选择所有门窗，按"Delete"键，删除所有门窗，如图1-5-5所示。

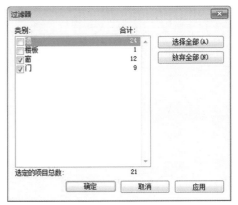

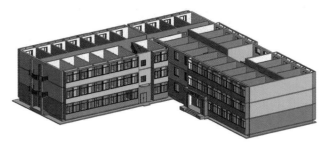

图 1-5-5　勾选并删除二层门窗

任务2　编辑二层外墙、内墙

○ ○ ○

1.绘制二层外墙 ▼

（1）切换到二层三维视图，按住"Ctrl"键，连续单击选择所有内墙，再按"Delete"键，删除所有内墙，如图1-5-6所示。

图1-5-6　二层三维视图

（2）调整外墙位置：打开2F平面视图，将B轴上的墙体删掉，选择"外墙-机刨横纹灰白色花岗石墙面"，重新在C轴上绘制一段墙体，通过工具栏"修剪"命令修改墙。

（3）选择二层外墙，在类型选择器中将墙替换为"基本墙：外墙-白色涂料"，更新所有外墙类型。在属性栏设置二层墙体的"顶部约束"为"直到标高：3F"，"顶部偏移"为"0.0"，如图1-5-7所示。

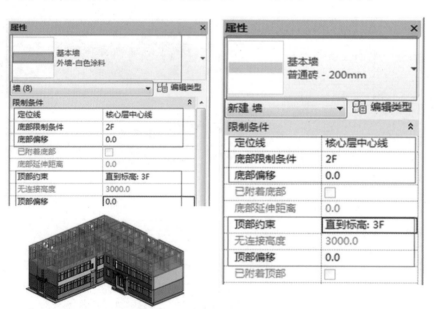

图1-5-7　设置二层外墙

2.绘制二层内墙 ▼

（1）单击"建筑"→"墙"命令，在类型选择器中选择"基本墙：普通砖-200mm"类型，在"属性"面板中设置参数"定位线"为"核心层中心线"，"底部限制条件"为"2F"，"顶部约束"为"直到标高：3F"，"底部偏移"和"顶部偏移"均为"0.0"。

（2）选择"绘制"面板→"直线"命令，绘制"普通砖-200mm"内墙，如图 1-5-8 所示。

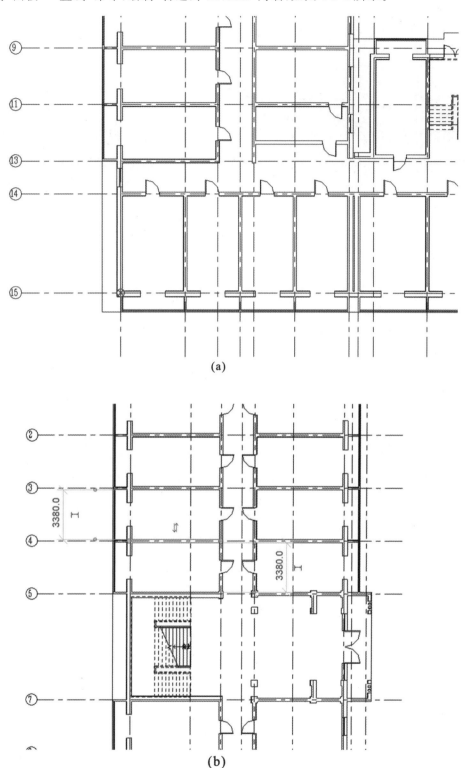

图 1-5-8　绘制二层 200 mm 内墙

（3）在类型选择器中选择"基本墙：普通砖-100mm"，限制条件设置和"基本墙：普通砖-200mm"一样，绘制图 1-5-9 所示的内墙。

完成后的二层墙体如图 1-5-10 所示。

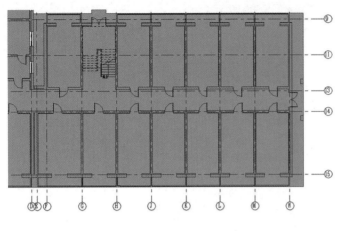

图 1-5-9　绘制二层 100 mm 内墙

图 1-5-10　完成后的二层墙体

（4）保存文件。选择"另存为"中的"项目"，把项目文件另存为"8、二层墙体"。

任务3　插入和编辑门窗

门窗的插入和编辑方法与项目四相同，本任务不再详述。

（1）在项目浏览器"楼层平面"下双击"2F"，进入二层平面。

（2）单击"建筑"→"门"命令，在类型选择器中选择"双面嵌板连窗玻璃门：M-14524""双面嵌板木门：M-21524""单嵌板镶玻璃门：M-30920"、"双面嵌板木门：M-51520"。按图 1-5-11 所示的位置移动光标到墙体上单击放置门，并精确定位。

（3）单击"建筑"→"窗"命令。在类型选择器中选择"组合窗：C-62134""组合窗：C-72135""推拉窗：C-31218"。按图 1-5-11 所示的位置移动光标到墙体上单击放置窗，并精确定位。

（4）编辑窗台高：选择各类型的窗，调整窗户的"底高度"参数。各窗的窗台高为 C-62134——900 mm 、C-11818——600 mm 、C-112133——900 mm 、C-31218——900 mm 、C-21518——900 mm 。

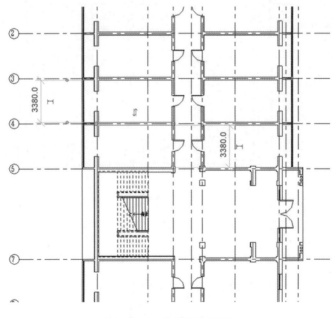

图 1-5-11　放置二层门窗

（5）插入门窗，如图 1-5-12 所示。

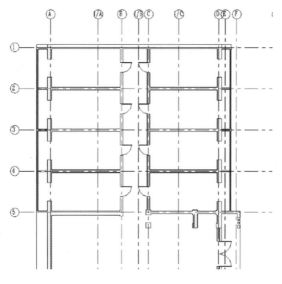

图 1-5-12 插入门窗

（6）保存文件。选择"另存为"中的"项目"，把项目文件另存为"9、二层门和窗"。

任务 4 编辑二层楼板

（1）在视图中选择二层楼板，单击选项栏中的"编辑边界"按钮，打开楼板轮廓草图，如图 1-5-13 所示。

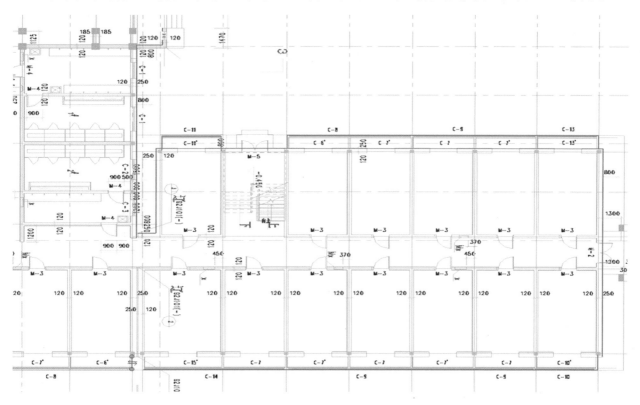

图 1-5-13 楼板轮廓草图

（2）删除图 1-5-14 中标注的两段线。单击工具栏中的"修剪"命令,修剪二层楼板,如图 1-5-15 所示。

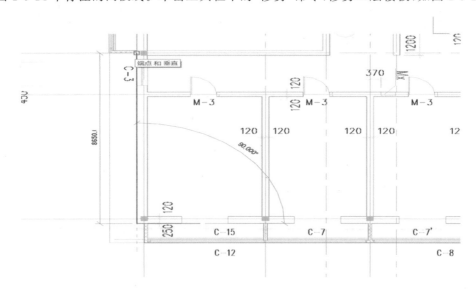

图 1-5-14 线段标注

（3）单击"参照平面"命令,如图 1-5-16 所示,在当前视图中绘制一条距离 B 轴 100 mm 的辅助线。

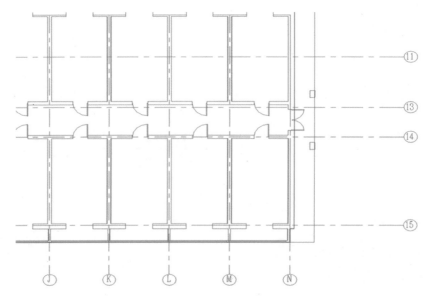

图 1-5-15 修剪二层楼板

图 1-5-16 "参照平面"命令

（4）单击工具栏"对齐"命令 ,将最下面的边界线与辅助线对齐,如图 1-5-17 所示。

（5）利用"修剪"命令 ,修改二层楼板的线段。

（6）完成轮廓绘制后,单击"完成绘制"命令,创建二层楼板。

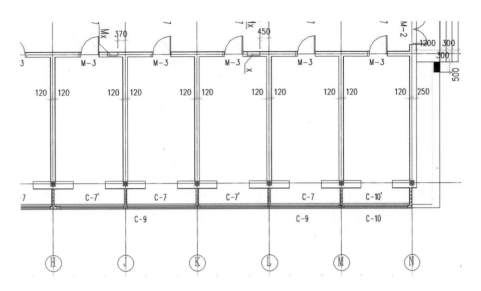

图 1-5-17　对齐边界线与辅助线

项 目 **6**

楼梯和扶手

本项目采用功能命令和案例讲解相结合的方式,详细介绍楼梯和扶手的创建和编辑方法,并对项目应用中可能遇到的各类问题进行细致的讲解。

任务 1 创建室外楼梯

(1)在项目浏览器中双击"楼层平面"项下的"1F",打开首层平面视图。

(2)单击"建筑"→"楼梯(按草图)"命令,进入绘制草图模式。

(3)设置室外楼梯属性。选择楼梯类型为"室外楼梯",设置楼梯的"底部标高"为"-1F-1","顶部标高"为"1F","宽度"为"1150.0","所需踢面数"为"20","实际踏板深度"为"280.0",如图 1-6-1 所示。

图 1-6-1 设置室外楼梯属性

(4)在"绘制"面板单击"梯段"命令,选择"直线"绘图模式,在建筑外选择一点作为第一跑起点,垂直向下移动光标,直到显示"创建了 10 个踢面,剩余 11 个"时,单击鼠标左键捕捉该点作为第一跑终点,创建第一跑草图,如图 1-6-2 所示。按"Esc"键结束绘制命令。

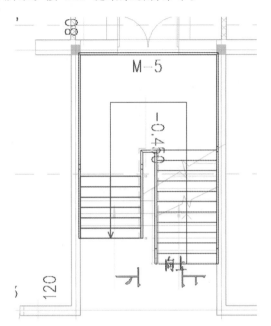

图 1-6-2 创建室外楼梯第一跑草图

(5)单击"建筑"→"参照平面"命令,在草图下方绘制一条辅助线作为水平参照平面,改变临时尺寸距离为1740,如图 1-6-3 所示。

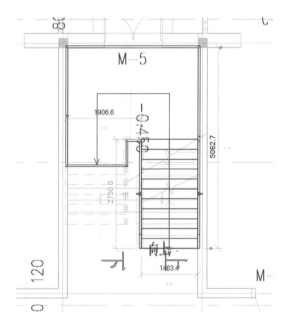

图 1-6-3 绘制室外楼梯水平参照平面

(6)选择"梯段"命令,移动光标至水平参照平面上与梯段中心线延伸相交的位置,当水平参照平面亮显并提示"交点"时单击捕捉交点作为第二跑起点,向下垂直移动光标到矩形预览框之外单击鼠标左键,创建剩余的踢面,结果如图 1-6-4 所示。

(7)框选刚绘制的室外楼梯草图,单击工具栏"移动"命令,将草图移动到 5 轴"外墙-饰面砖"外边缘位置,如图 1-6-5 所示。

(8)选择扶手类型。单击"工具"面板"栏杆扶手"命令 ，从对话框下拉列表中选择扶手类型为"栏杆-金属立杆",如图1-6-6所示。

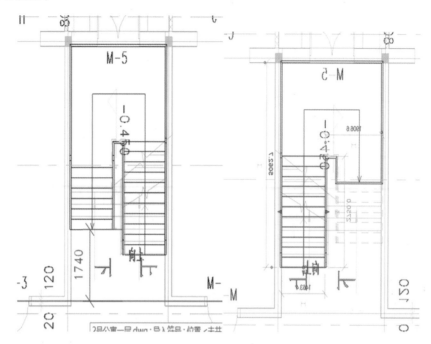

图 1-6-4　绘制室外楼梯第二跑草图

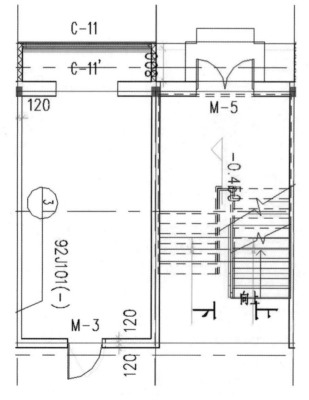

图 1-6-5　移动室外楼梯

图 1-6-6　选择室外楼梯扶手类型

(9)单击"完成楼梯"创建室外楼梯。

(10)打开首层平面,在"建筑"选项卡单击"栏杆坡道"面板栏杆扶手下拉选项中的"绘制路径"命令 ,

从室外楼梯栏杆扶手终点开始,在首层阳台上绘制图1-6-7所示的路径,点击完成。

绘制和室外楼梯另一侧相接的栏杆扶手。绘制完成后,阳台上的栏杆扶手如图1-6-8所示。

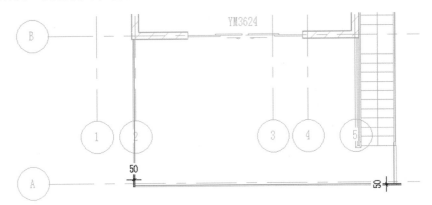

图1-6-7 绘制室外楼梯栏杆扶手路径

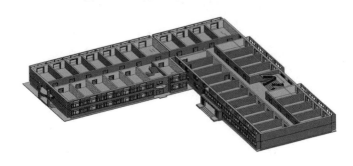

图1-6-8 阳台上的栏杆扶手

任务2 创建室内楼梯

(1)在项目浏览器中双击"楼层平面"项下的"-1F",打开地下一层平面视图。

(2)单击"建筑"→"楼梯(按草图)"命令,进入绘制草图模式。

(3)单击"建筑"面板"参照平面"命令,在地下一层楼梯间绘制四个参照平面,如图1-6-9所示。

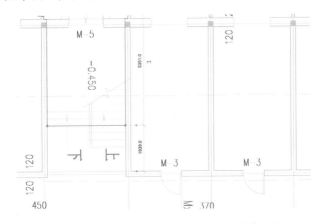

图1-6-9 在地下一层楼梯间绘制四个参照平面

(4)设置楼梯属性。选择楼梯类型为"整体式楼梯",设置楼梯的"底部标高"为"-1F","顶部标高"为"1F",梯段"宽度"为"1150.0","所需踢面数"为"19","实际踏板深度"为"260.0",如图1-6-10所示。

图 1-6-10 设置室内楼梯属性

（5）单击"梯段"命令，在选项栏选择"直线"绘图模式，移动光标至右下角参照平面的交点位置，两个参照平面亮显，同时系统提示"交点"时，单击捕捉该交点作为第一跑起点，向上垂直移动光标至右上角参照平面的交点位置。

（6）移动光标到左上角参照平面的交点位置，单击捕捉交点作为第二跑起点。向下垂直移动光标到矩形预览图形之外，单击捕捉一点，系统会自动创建休息平台和第二跑梯段草图，如图 1-6-11 所示。

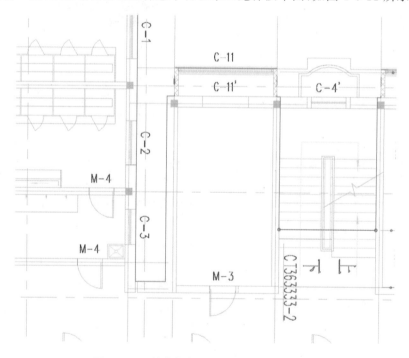

图 1-6-11 创建休息平台和第二跑梯段草图

（7）选择扶手类型。单击"工具"面板"栏杆扶手"命令，从对话框下拉列表中选择需要的扶手类型，如图 1-6-12 所示。本案例中选择 900 mm 的扶手类型。

（8）单击选择楼梯顶部的绿色边界线，拖拽鼠标，使其和顶部墙体内边界重合，如图 1-6-13 所示。

（9）单击"完成楼梯"命令创建图 1-6-14 所示的地下一层至首层的 U 形不等跑楼梯。

图 1-6-12　选择室内楼梯扶手类型

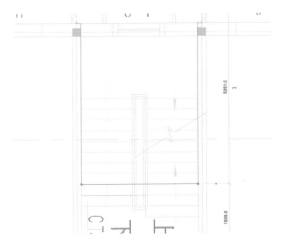

图 1-6-13　使室内楼梯顶部边界线与顶部墙体内边界重合

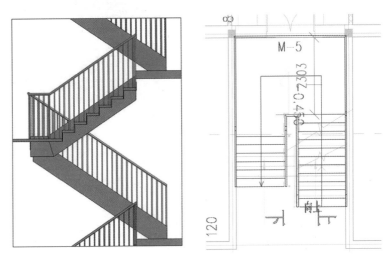

图 1-6-14　地下一层至首层的 U 形不等跑楼梯

任务3　多层楼梯

（1）在项目浏览器中双击"楼层平面"项下的"-1F"，打开地下一层平面视图。点击选中室内楼梯，设置参数"多层顶部标高"为"2F"，如图 1-6-15 所示。

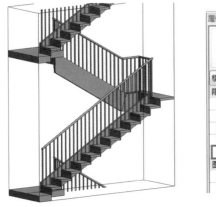

图 1-6-15　设置多层楼梯参数

（2）保存文件。选择"另存为"中的"项目"，将项目文件另存为"13、室内外楼梯"。

任务 4　楼梯洞口

楼梯洞口示意图如图 1-6-16 所示。

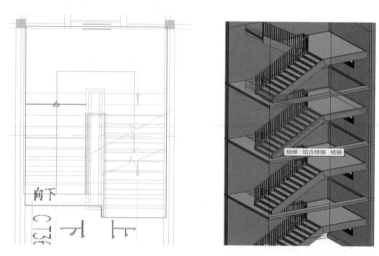

图 1-6-16　楼梯洞口示意图

任务5　主入口台阶

在项目浏览器中双击"楼层平面"项下的"1F"，打开首层平面视图。

（1）绘制北侧主入口处的室外楼板。

（2）单击"楼板"命令，选择楼板类型为"常规-450mm"，选用"绘制"面板"直线"命令绘制图 1-6-17 所示的楼板的轮廓。（此处采用先绘制一半，然后用镜像命令复制另一半的方法）

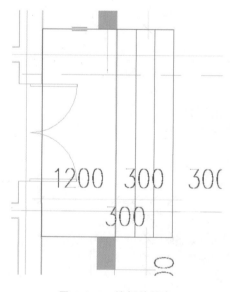

图 1-6-17　楼板的轮廓

（3）单击"完成楼板"，完成后的室外楼板如图 1-6-18 所示。

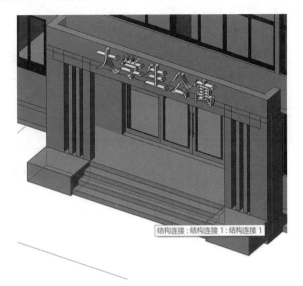

图 1-6-18　完成后的室外楼板

（4）打开三维视图，单击"建筑"→"楼板"→"楼板边缘"命令，在类型选择器中选择"楼板边缘台阶"类型，如图 1-6-19 所示。

（5）移动光标到楼板一侧凹进部位的水平上边缘，边线高亮显示时单击鼠标放置楼板边缘。另一侧操作相同。用"楼板边缘"命令生成的台阶如图 1-6-20 所示。

图 1-6-19　选择楼板边缘类型

图 1-6-20　用"楼板边缘"命令生成的台阶

任务6　地下一层台阶

用"楼板边缘"命令给地下一层南侧入口处添加台阶：在类型选择器中选择"地下一层台阶"，在楼板的上边缘单击放置台阶，如图 1-6-21 所示。

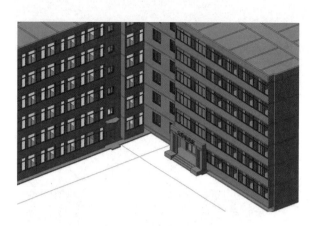

图 1-6-21　放置地下一层台阶

项 目 7

柱、梁和结构构件

任务 1　地下一层平面结构柱

（1）在项目浏览器中双击"楼层平面"项下的"-1F-1"，打开地下一层平面视图。

（2）单击"建筑"→"柱"→"结构柱"，在类型选择器中选择柱类型"钢筋混凝土 250×450mm"，在选项栏设置高度 ▢放置后旋转　高度：▾ 1F ▾，单击放置结构柱，如图 1-7-1 所示。

（3）打开三维视图，选择刚绘制的结构柱，在选项栏中单击"附着顶部/底部"命令，单击拾取首层楼板，将柱的顶部附着到首层楼板底部，如图 1-7-2 所示。

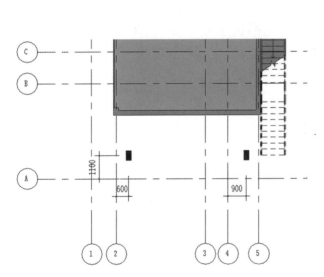

图 1-7-1　地下一层平面结构柱位置

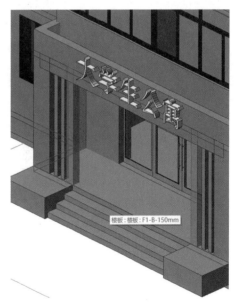

图 1-7-2　将柱的顶部附着到首层楼板底部

任务 2　首层平面结构柱

在项目浏览器中双击"楼层平面"项下的"1F"，打开首层平面视图。

（1）单击"建筑"→"柱"→"结构柱"命令，在类型选择器中选择柱类型"钢筋混凝土 350×350mm"，在主入口上方放置两个结构柱，如图 1-7-3 所示。

（2）选择两个结构柱，设置属性参数"底部标高"为"0F"，"顶部标高"为"1F"，"顶部偏移"为"2800"。

（3）单击"建筑"→"柱"→"建筑柱"命令，在类型选择器中选择"矩形柱F1-Z05-500×300mm"，在结构柱上方放置两个建筑柱。放置完成后，设置"底部偏移"为"0.0"，如图1-7-4所示。

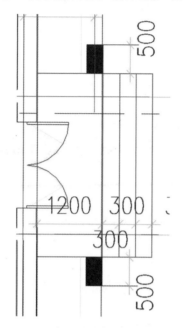

图1-7-3 在主入口上方放置两个结构柱　　图1-7-4 设置矩形柱的属性

（4）打开三维视图，选择两个矩形柱，在选项栏单击"附着顶部/底部"命令，"附着对正"选项选择"最大相交"，单击拾取上面的屋顶，将矩形柱附着于屋顶底部，如图1-7-5所示。

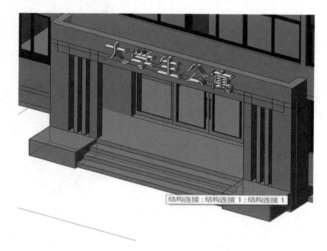

图1-7-5 将矩形柱附着于屋顶底部

任务3 二层平面建筑柱

在项目浏览器中双击"楼层平面"项下的"2F"，打开二层平面视图。

（1）单击"建筑"→"柱"→"建筑柱"命令，在类型选择器中选择柱类型"矩形柱F1-Z05-300×200mm"。

（2）移动光标捕捉图1-7-6所示的位置，先按空格键调整柱的方向，再单击鼠标左键放置建筑柱，如图1-7-7所示。

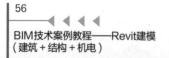

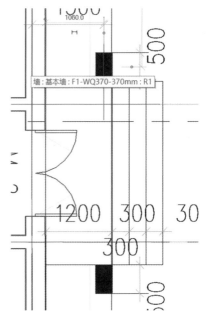

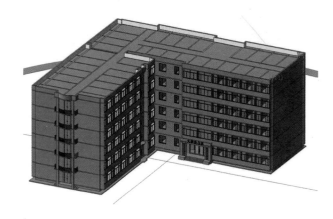

图 1-7-6　二层平面建筑柱的位置　　　　　图 1-7-7　放置二层平面建筑柱

（3）保存文件，选择"另存为"中的"项目"，将项目文件保存为"15、室外矩形柱"。

任务 4　二层栏杆扶手

在项目浏览器中双击"楼层平面"项下的"1F"，打开首层平面视图。单击"建筑"→"墙"命令，在类型选择器中选择"支撑构件"，设置参数"底部限制条件"为"室外地坪"，"顶部约束"为"直到标高：F2"，"无连接高度为"3900.0"，绘制墙体，如图 1-7-8 所示。

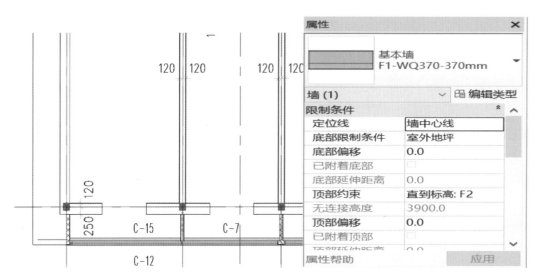

图 1-7-8　创建二层栏杆扶手

项目 8

场地

任务 1　地形表面

（1）在项目浏览器中展开"楼层平面"项，双击视图名称"场地"，进入视图。单击"建筑"选项卡"工作平面"面板"参照平面"命令，绘制图 1-8-1 所示的六个参照平面。

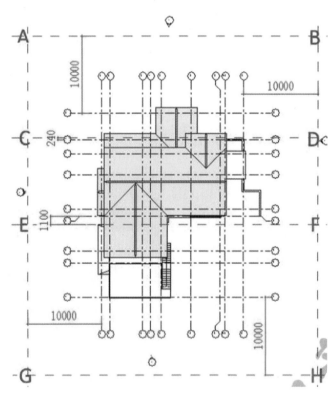

图 1-8-1　绘制六个参照平面

（2）单击"体量和场地"→"地形表面"命令 ，进入草图模式。单击"放置点"命令　，选项栏显示"高程"选项　修改 | 编辑表面　高程 -450 　，设置高程为"-450"依次单击图 1-8-1 中的 A、B、C、D 四点，即放置了 4 个高程为－450 的点，再次设置高程值为"-3500"，依次单击 E、F、G、H 四点，放置四个高程为－3500 的点。

（3）点击设置"属性"中"材质"→"按类别"后的矩形"浏览"图标，打开"材质"对话框，在左侧材质中单击选

择"场地-草"材质,单击"确定"。此时给地形表面添加了草地材质,如图1-8-2所示。

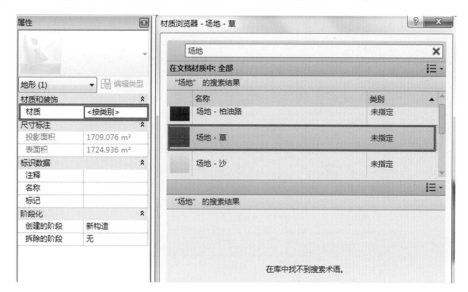

图1-8-2　给地形表面添加草地材质

(4)单击"完成表面"命令创建地形表面,如图1-8-3所示。

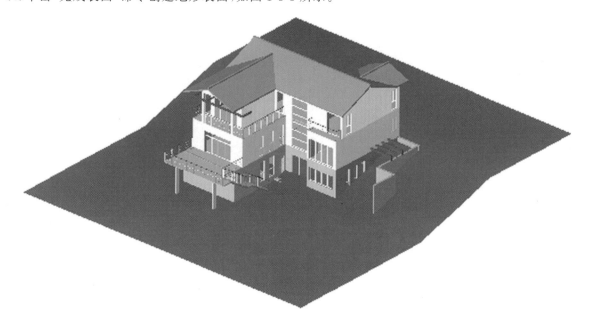

图1-8-3　创建地形表面

任务2　建筑地坪

(1)在项目浏览器中展开"楼层平面"项,双击视图名称"-1F",进入视图。单击"体量和场地"→"建筑地坪"命令,进入建筑地坪的草图绘制模式。

(2)设置"属性",选择标高为"-1F-1"。

(3)单击"绘制"面板的"直线"命令,移动光标到绘图区域,开始顺时针绘制建筑地坪轮廓,如图1-8-4所示,必须保证轮廓线闭合。

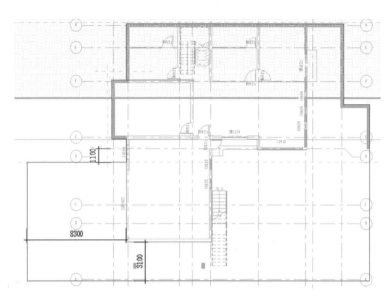

图 1-8-4　绘制建筑地坪轮廓

（4）单击"完成建筑地坪"命令创建建筑地坪，如图 1-8-5 所示。

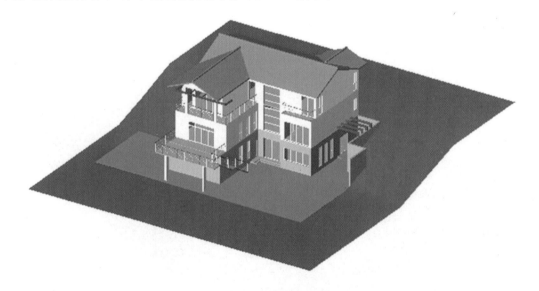

图 1-8-5　创建建筑地坪

第 2 篇 ▶ ▶ ▶

○ ○ ○ **结构部分**

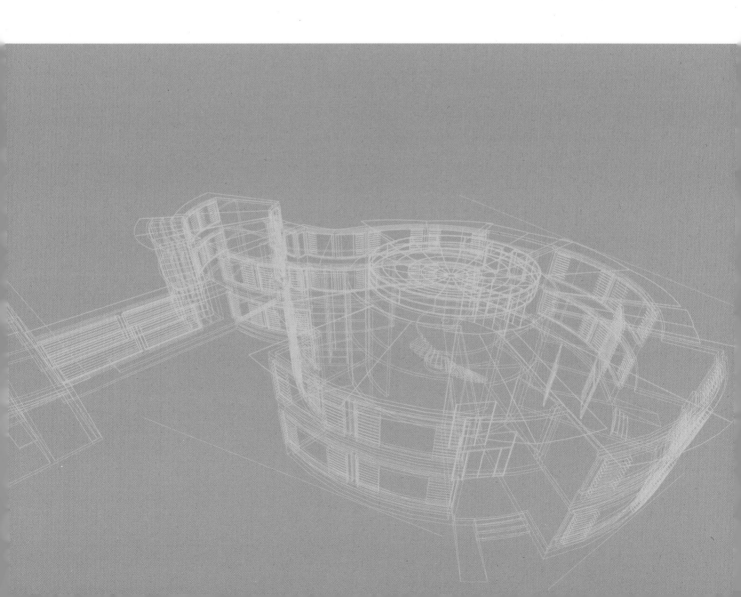

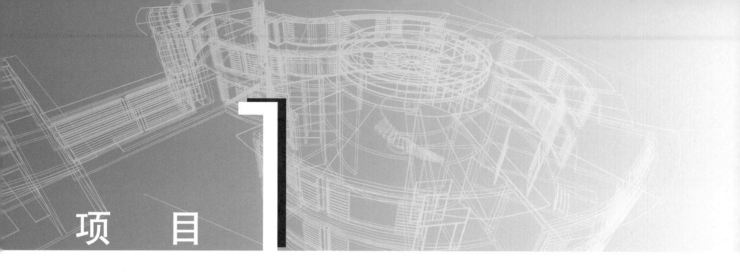

项目 1

基础的创建

Revit提供了三种基础形式,分别是条形基础、独立基础、筏板基础,用于生成不同类型的基础。

任务 1 独立基础的创建

点击"结构"选项卡的"基础"面板的"独立"命令(见图2-1-1),若弹出如图2-1-2所示的对话框,则点击"是",弹出"载入族"对话框,打开"China"中的"结构"中的"基础",选择"独立基础-三阶"(见图2-1-3),与其他构件一致,基础族载入后可点击"编辑类型",对其类型、名称、几何尺寸进行设置(见图2-1-4),选择正确位置,点击鼠标左键,放置独立基础(见图2-1-5)。

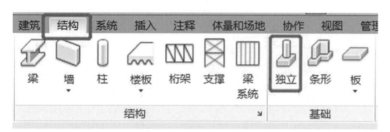

图 2-1-1 独立基础命令栏

图 2-1-2 载入选项界面

图 2-1-3 基础族库选取

续图 2-1-3

图 2-1-4　基础尺寸设置栏

图 2-1-5　限制条件标高设置

任务2　条形基础的创建

点击"结构"选项卡的"基础"面板的"条形"命令(见图 2-1-6),可点击"编辑类型",对其类型、名称、几何尺寸进行设置。此时需注意,条形基础的结构用途分为两种:挡土墙和基础。两种结构用途选择的参数有所不同,应根据需要自行选择(见图 2-1-7)。条形基础必须依附墙体,需创建好墙体后进行放置,绘制长 5000 mm,厚 300 mm 的结构墙体,点击墙体进行放置(见图 2-1-8)。

图 2-1-6　条形基础命令栏

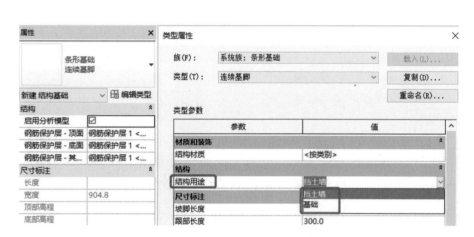

图 2-1-7　基础结构用途设置栏

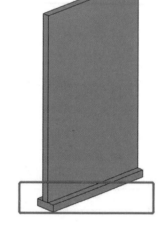

图 2-1-8　独立基础绘制后效果

任务 3　筏板基础的创建

点击"结构"选项卡的"基础"面板的"板"的"结构基础:楼板"命令(见图 2-1-9),进入"修改|创建楼层边界"界面,可点击"编辑类型",对其类型、名称、厚度、材质进行设置(见图 2-1-10),基础底板绘制与楼板并无不同,在此不再赘述。

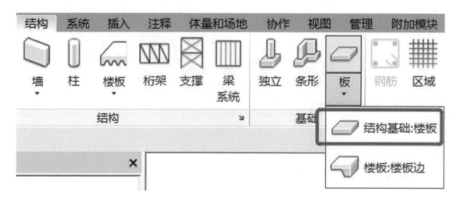

图 2-1-9　结构基础楼板命令栏

图 2-1-10　类型属性栏

项目实操　绘制独立基础

（1）根据图 2-1-11 所示的图纸，创建模型轴网、基础。基础顶面标高为−0.500 m。

（2）基础尺寸为 400×400×300。基础材质采用 C30 混凝土。

（3）将结构以"结构基础＋姓名"为文件名保存，文件格式为 RVT。

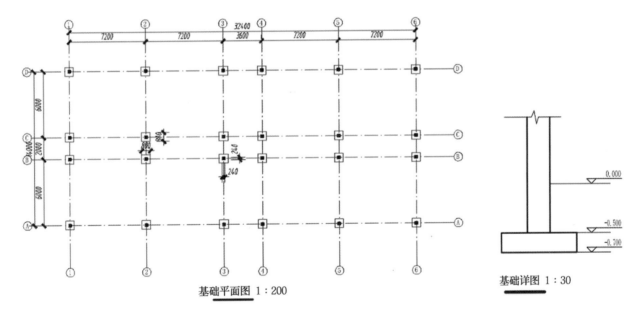

基础平面图 1：200

基础详图 1：30

图 2-1-11　结构基础图纸

项目 **2**

结构梁与梁系统的创建

任务 1 结构梁绘制

○ ○ ○

选择"结构"选项卡的"结构"面板的"梁"命令(见图 2-2-1)。

(1)点击"编辑类型",点击"载入",打开"结构"中的"框架"中的"混凝土",选择"混凝土-矩形梁"族(见图 2-2-2),在弹出的"指定类型"对话框中,点击"确定",确认载入。

图 2-2-1 梁命令栏

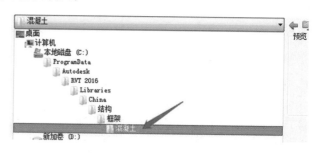

图 2-2-2 梁族库选取

(2)点击"梁",在侧属性栏菜单中选择"混凝土",点击"编辑类型"(见图 2-2-3)。

(3)点击"复制",创建新的类型,通过尺寸标注中的"b"(宽)、"h"(高)对梁截面尺寸进行设置(见图 2-2-4),设置好后点击"确定"。

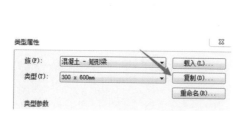

图 2-2-3 类型属性栏

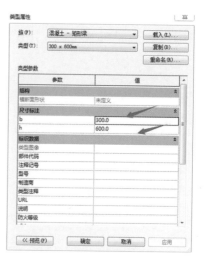

图 2-2-4 设置梁截面尺寸

（4）对参照标高和结构材质进行设置（见图2-2-5），设置好后点击"确定"。

【注意】 1.参照标高为梁顶面参照条件。2.升降梁可通过Z轴偏移值设置。

（5）设置好后，鼠标变为十字光标，用鼠标左键点击空白位置作为梁起点，变为梁绘制状态（见图2-2-6），在梁终点用鼠标左键点击，梁就绘制成功了，如图2-2-7所示。

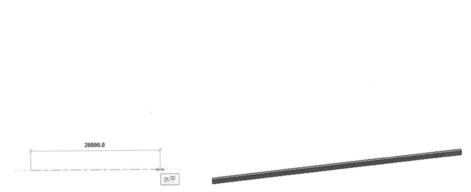

图2-2-5 设置参照标高 图2-2-6 梁绘制状态 图2-2-7 梁绘制后的效果
和结构材质

【注意】 绘制后梁不显示，有两种解决方法。一是检查过滤器中结构框架是否勾选；二是设置属性栏中视图范围状态栏视图深度为"－梁高"，如梁高500，视图深度为－500。

任务2 梁系统绘制

（1）选择"结构"选项卡的"梁系统"命令，右上角弹出绘制状态栏，与绘制板轮廓一致，通过绘制状态栏中的"梁方向"命令选中对应边即可调整方向（见图2-2-8）。

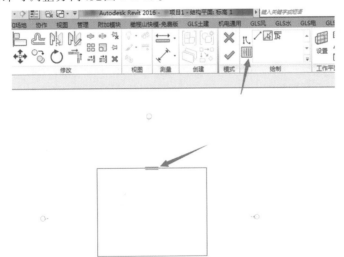

图2-2-8 梁系统"绘制"状态栏

BIM技术案例教程——Revit建模
（建筑＋结构＋机电）

（2）可通过左侧属性栏设置布局规则、间距、梁类别（见图2-2-9）。

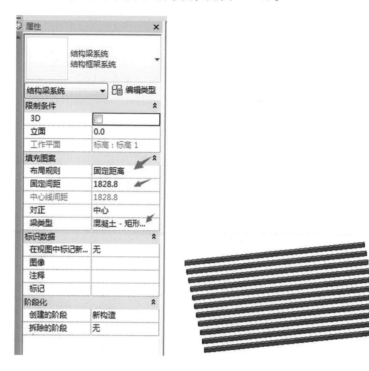

图2-2-9　梁系统属性状态栏及梁系统绘制后的效果

项目实操　绘制结构框架

（1）根据图2-2-10所示的图纸创建模型轴网、标高，1～2层层高为3.6 m。

（2）梁截面尺寸为350×150，材质采用C30混凝土。

（3）将结构以"结构框架＋姓名"为文件名保存，文件格式为RVT。

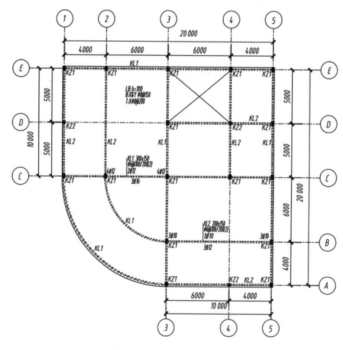

图2-2-10　结构框架图纸

项目 **3**
项 目

结构钢筋的创建

任务 **1** 梁内钢筋绘制

（1）点击"剖面"命令（见图 2-3-1），对梁进行剖面绘制（见图 2-3-2），用鼠标右键点击剖面的剖面符号，转到视图，界面会跳转到梁截面。

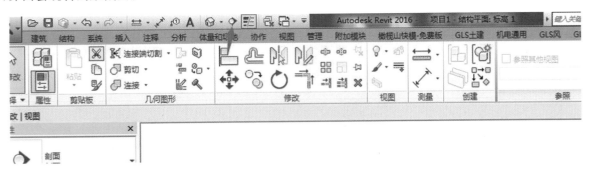

图 2-3-1 剖面命令栏

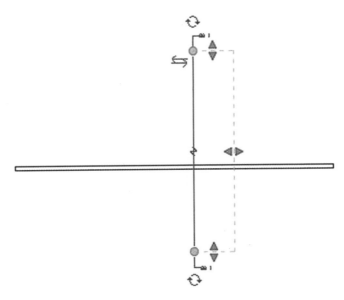

图 2-3-2 剖面绘制状态栏

（2）选中梁截面，点击右上角属性栏中的"钢筋"命令，在项目浏览器右侧弹出钢筋形状浏览器（见图2-3-3），根据图纸要求选用对应的钢筋。

（3）通过左侧属性栏设置钢筋类别、弯钩尺寸、间距（见图2-3-4）。

（4）选取对应钢筋后，点击绘制区域梁截面，可设置平行于工作平面、平行于保护层、垂直于保护层三种放置状态（见图2-3-5）。

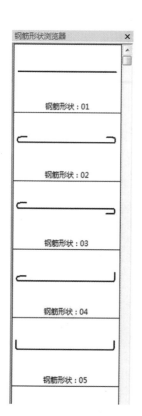

图2-3-3　钢筋形状浏览器

图2-3-4　设置钢筋类别、弯钩尺寸、间距

图2-3-5　钢筋放置状态栏

任务2　板内钢筋绘制

（1）选中"结构"选项卡中的"区域"命令，在左侧属性栏设置布局规则、额外的顶底保护层、主筋、分布筋（见图2-3-6）。

（2）鼠标的光标变为十字光标，选中结构楼板，弹出钢筋区域绘制栏，绘制钢筋区域（见图2-3-7）。

项目实操　绘制钢筋

（1）根据图2-3-8所示的图纸平法标注，创建首层梁配筋模型，保护层厚度统一取25 mm，加密区长度为1200 mm。

（2）创建钢筋明细表，统计钢筋类型、长度、数量。

（3）将结构以"结构钢筋＋姓名"为文件名保存，文件格式为RVT。

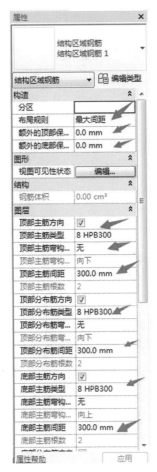

图 2-3-6 钢筋属性

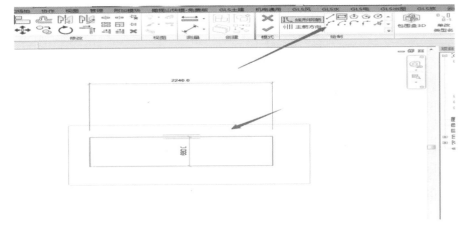

图 2-3-7 钢筋区域绘制栏

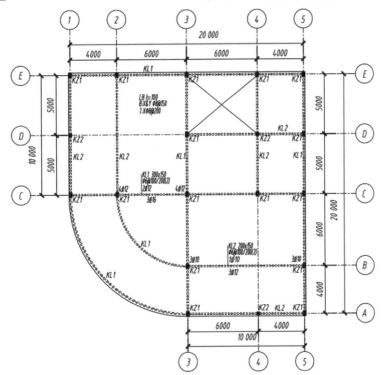

图 2-3-8 钢筋图纸

钢结构的创建

任务 1 桁架绘制

（1）点击"结构"选项卡中的"桁架"命令，鼠标的光标变为十字光标，点击右侧属性状态栏中的标记类型，可对上、下弦杆、竖向腹杆、斜腹杆进行设置（见图 2-4-1）。

（2）桁架类型设置好后，点击空白处绘制图，确定起点、终点，完成绘制，如图 2-4-2 所示。（与梁绘制方式相同）

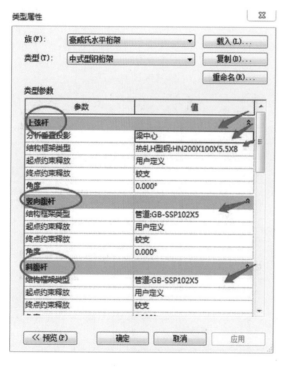

图 2-4-1 桁架类型属性栏

图 2-4-2 桁架绘制后的效果

任务 2 支撑绘制

（1）点击"结构"选项卡中的"支撑"，绘制前需设置支撑的构建类型（为梁的类型）。

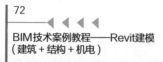

（2）绘制支撑需打开立面与平面（快捷键为 WT），点击视图最小化（见图 2-4-3），关闭多余视图，只保留立面与平面视图（见图 2-4-4）。

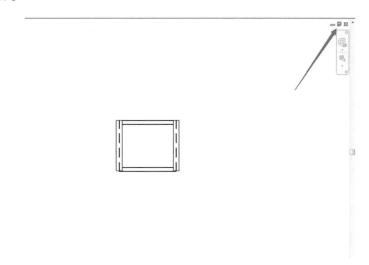

图 2-4-3 最小化栏

（3）在立面中绘制钢柱与钢梁对角线，绘制支撑，如图 2-4-5 所示。（与梁绘制方式相同）

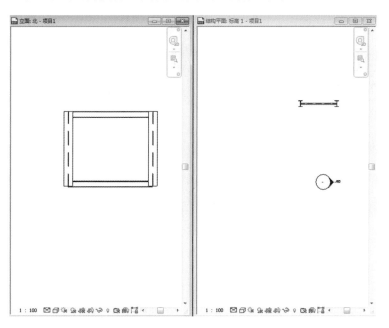

图 2-4-4 双视图显示

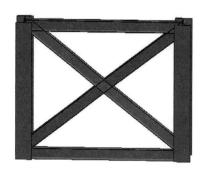

图 2-4-5 支撑绘制后的效果

项目实操 绘制钢结构

1）钢网架

（1）根据图 2-4-6 所示的尺寸，创建钢网架模型并创建钢材用量明细表。其中，球铰取 200，钢材强度取 HRB435；杆件尺寸统一取外径 80，内径 70，钢材强度取 HRB335。

（2）将结构以"钢网架＋姓名"为文件名保存，文件格式为 RFA。

2）工字钢及其节点

（1）根据图 2-4-7 所示的尺寸，创建工字钢及其节点模型。工字钢的长度及其未标注尺寸取合理值即可，钢材强度取 Q235。

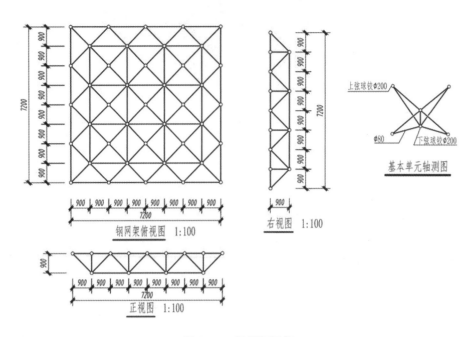

图 2-4-6 钢网架图纸

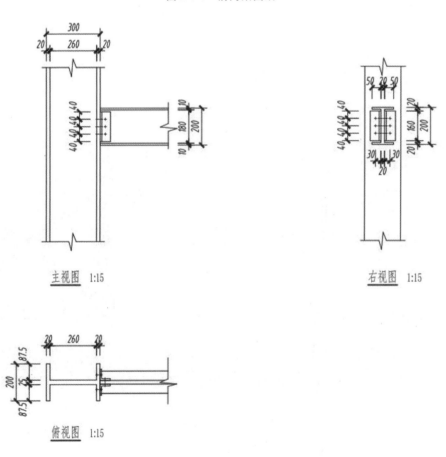

图 2-4-7 工字钢图纸

（2）将结构以"工字钢节点＋姓名"为文件名保存，文件格式为 RFA。

第 3 篇 ▶ ▶ ▶

○ ○ ○ **机 电 部 分**

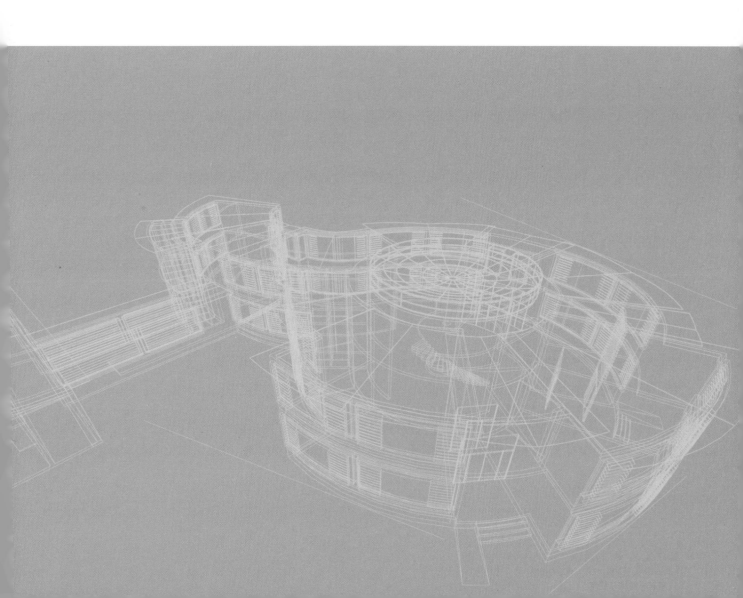

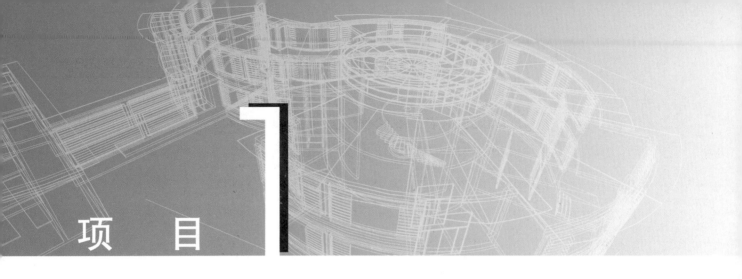

项　目 1

Revit MEP绪论

任务 1　Revit MEP 2016 简介

　　建筑信息模型(building information model)是以三维数字技术为基础,集成了建筑工程单元各种相关信息的工程数据模型。BIM 是一种技术、一种方法、一个过程,BIM 把建筑业业务流程和表达建筑物本身的信息更好地集成起来,从而提高整个行业的效率。随着以 Autodesk Revit 为代表的三维建筑信息模型(BIM)软件在国外发达国家的普及应用,国内先进的建筑设计团队也纷纷成立 BIM 技术小组,应用 Revit 进行三维建筑设计。Revit MEP 软件是一款智能的设计和制图软件,可以创建面向建筑设备及管道工程的建筑信息模型,也可以进行水暖电专业设计和建模。

　　Revit MEP 软件借助真实管线进行准确建模,可以实现智能、直观的设计流程。Revit MEP 采用整体设计理念,从整座建筑物的角度来处理信息,将给排水、暖通和电气系统与建筑模型关联起来。借助它,工程师可以优化建筑设备及管道系统的设计,更好地进行建筑性能分析,充分发挥 BIM 的竞争优势。同时,利用 Revit 与建筑师和其他工程师协同,还可即时获得来自建筑信息模型的设计反馈,实现数据驱动设计带来的巨大优势,轻松跟踪单元的范围、明细表和预算。

　　利用 Revit MEP 软件完成建筑信息模型,可以最大限度地提高基于 Revit 的建筑工程设计和制图的效率,最大限度地减少建筑设备专业设计团队之间,及其与建筑师和结构工程师之间的协调错误。通过实时的可视化功能,改善与客户的沟通并更快地做出决策。此外,它还能为工程师提供更佳的决策参考和建筑性能分析,促进可持续性设计。Revit MEP 软件建立的管线综合模型可以与由 Revit Architecture 软件或 Revit Structure 软件建立的模型,展开无缝协作。在模型的任何一处进行变更,Revit MEP 可在整个设计和文档集中自动更新所有相关内容。

　　设计师可以通过创建逼真的建筑设备及管道系统示意图,改善与甲方的设计意图沟通,也可以使用建筑信息模型,交换工程设计数据,从中受益,还可以及早发现错误,避免让错误进入现场并造成代价高昂的现场设计返工,还可以借助全面的建筑设备及管道工程解决方案,最大限度地简化应用软件管理。Revit MEP 软件主要有以下功能。

　　1)暖通设计准则

　　使用设计参数和显示图例来创建着色平面图,可以直观地交流设计意图,无须解读复杂的电子表格及明细表。使用着色平面图可以加速设计评审,并将设计准则提交给客户审核和确认。色彩填充与模型中的参数值相关联,因此当设计变更时,平面图可自动更新。创建任意数量的示意图时,可以在单元周期内轻松维护这些示意图。

　　2)暖通风道及管道系统建模

　　暖通功能提供了针对管网及布管的三维建模功能,用于创建供暖通风系统。即使是初次使用的用户,也能

借助直观的布局设计工具轻松、高效地创建三维模型;可以使用内置的计算器一次性确定总管、支管、甚至整个系统的尺寸;几乎可以在所有视图中,通过在屏幕上拖放设计元素来移动或修改设计,从而轻松修改模型。在任何一个视图中做出修改时,所有的模型视图及图纸都能自动协调变更,因此始终能够提供准确一致的设计及文档。

3)电力照明和电路

通过使用电路追踪负载、连接设备的数量及电路长度,最大限度地减少电气设计错误。定义导线类型、电压范围、配电系统及需求系数,有助于确保设计中电路连接的正确性,防止过载及错配电压问题。在设计时,识别电压下降,应用减额系数,甚至可以计算配电盘的预计需求负载,进而调整设备。此外,还可以充分利用电路分析工具,快速计算总负载并生成报告,获得精确的文档。

4)电力照明计算

Revit MEP 利用配电盘方法,可根据房间内的照明装置自动估算照明级别。设置室内平面的反射值,将行业标准的 IES(美国照明工程学会)数据附加至照明,并定义计算工作平面的高度,然后,让 Revit MEP 自动估算房间的平均照明值。

5)给排水系统建模

借助 Revit MEP,可以为管道系统布局创建全面的三维参数化模型。借助智能的布局工具,可轻松、快捷地创建三维模型。只需在屏幕上拖动设计元素,就可同时在几乎所有视图中移动或更改设计。可以根据行业规范设计倾斜管道,在设计时,只需定义坡度并进行管道布局,该软件就会自动布置所有的升高和降低,并计算管底高程。在任何一个视图中做出修改时,所有的模型视图及图纸都能自动协调变更,因此始终能够提供准确一致的设计及文档。

6)Revit 参数化构件

参数化构件是 Revit MEP 中所有建筑元素的基础。它们为设计思考和创意构建提供了一个开放的图形式系统,同时让使用者能以逐步细化的方式来表达设计意图。参数化构件可用于最错综复杂的建筑设备及管道系统的装配。最重要的是,它无须任何编程语言或代码。

7)双向关联性

任何一处变更,所有相关内容随之自动变更。所有 Revit MEP 模型信息都存储在一个位置。因此,任一信息变更都可以同时、有效地更新到整个模型。参数化技术能够自动管理所有变更。

8)支持 Revit Architecture

由于 Revit MEP 基于 Revit 技术(不是基于 CAD 的),因此在复杂的建筑设计流程中,使用者可以非常轻松地与专业设备团队成员以及使用 Revit Architecture 软件的建筑师进行协作。Revit Architecture 模型是支持工程设计标准的最佳方法。Revit MEP 可根据建筑空间来支持负载计算、追踪室内气流,并协调配电盘明细表。

9)支持 Revit Structure

借助 Revit MEP,可以与使用 Revit Structure 软件的结构工程师进行全面的设计与制图协作。采用建筑信息模型,可以在设计早期发现建筑设备与结构设计之间的潜在冲突,从而节约成本。

10)建筑性能分析

建筑性能分析工具,可以充分发挥建筑信息模型的效能,为决策制订提供更好的支持。它能够为可持续性设计提供显著助益,为改善建筑性能提供支持。通过 Revit MEP 和 IES Virtual Environment 集成,使用者还可执行冷热负载分析、LEED 日光分析和热能分析等多种分析。

11)导入/导出数据(gbXML)到第三方分析软件

Revit MEP 支持将建筑模型导入 gbXML(绿色建筑扩展性标志语言),用于能源与负载分析。分析结束后,可重新导回数据,并将结果存入模型。如果要进行其他分析和计算,可将相同信息导入电子表格,以便与不使用 Revit MEP 软件的团队成员进行共享。

12)发布到 DWF

轻点按钮,即可将设计发布为 DWF™ 文件,便于利用 Autodesk Design Review 轻松查看。创建的三维

DWF文件,包含完整的工程数据,便于更好地沟通设计意图。使用DWF技术,团队成员还可以进行审阅,并添加红线批注,使DWF标准成为高效、快速发布和共享数据的有效方法。

本教程以辽宁建筑职业学院4#食堂单元为例,提供有关Revit MEP学习的入门信息,主要内容包括概况介绍,在教程中设计的建筑信息模型的基本概念和相关术语,以及如何与其他相关专业开展协同设计的操作流程。用于建筑信息模型的Revit MEP平台是建筑设计和文档系统,它支持建筑单元所需的设计、图纸以及明细表。建筑信息模型(BIM)提供了用户需要的单元设计、范围、数量和阶段等信息。在Revit MEP模型中,所有的图纸、二维视图和三维视图以及明细表都是同一个基本建筑模型数据库的信息表现形式。在图纸视图和明细表视图中操作时,Revit MEP将收集有关建筑单元的信息,并在单元的其他表现形式中协调该信息。Revit MEP参数化修改引擎可自动协调在任何位置(模型视图、图纸、明细表、剖面和平面)进行的修改。

任务2　参数化的意义

术语"参数化"是指设计中所有图元之间的关系,这些关系可实现Revit MEP提供的协调和修改管理功能。这些关系可以由软件自动创建,也可以由设计者在单元开发期间创建。在数学和机械CAD中,定义这些关系的数字或特性称为参数,因此该软件的运行是参数化的。该功能为Revit MEP提供了基本的协调能力和生产率优势:任何时间在单元的任何位置进行任何修改,Revit MEP都能在整个单元内协调该修改。

任务3　Revit MEP使内容保持更新状态

建筑信息模型应用程序的一个基本特性是可以随时协调修改并保持一致性,用户无须自己处理图或链接的更新。当修改了某项内容时,Revit MEP会立即确定该修改所影响的图元,并将修改反映到所有受影响的图元。

Revit MEP具有两个重要的特性,使其功能非常强大且易于使用。第一个特性是可以在设计者工作期间捕获关系。第二个特性是可以传播建筑修改。这些特性的作用是使软件可以像人那样智能化工作,而不要求输入对设计无关紧要的数据。

任务4　参数化模型中的图元行为

在单元中,Revit MEP使用3种类型的图元,如图3-1-1所示。

(1)模型图元表示建筑的实际三维几何图形,显示在设计的相关视图中,例如水槽、锅炉、风管、喷水装置和配电盘。

(2)基准图元可以帮助定义单元上下文,例如轴网、标高和参照平面。

(3)视图专有图元只显示在放置这些图元的视图中,可以帮助对设计进行描述或归档。例如,尺寸标注、标记和二维详图构件都是视图专有图元。

模型图元有2种类型。

(1)主体(或主体图元)通常在构造场地构建,例如墙和天花板。

(2)模型构件是建筑模型中其他所有类型的图元,例如水槽、锅炉、风管、喷水装置和配电盘。

视图专有图元有2种类型。

(1)注释图元是对模型进行归档并在图纸上保持比例的二维构件,例如尺寸标注、标记和注释记号。

(2)详图是在特定视图中提供有关建筑模型详细信息的二维项,包括详图线、填充区域和二维详图构件。

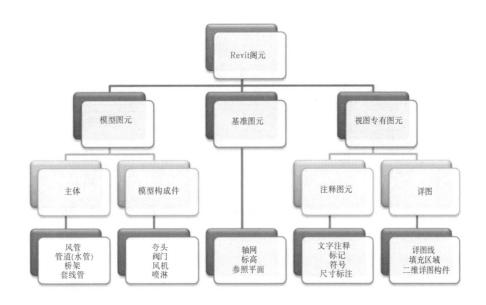

图 3-1-1　Revit MEP 图元

这些内容为设计者提供了设计灵活性。Revit MEP 图元设计可以由用户直接创建和修改,无须进行编程。在 Revit MEP 中,在绘图时可以定义新的参数化图元。

在 Revit MEP 中,图元通常根据其在结构中的位置来确定自己的行为。上下文是由构件的绘制方式,以及该构件与其他构件之间建立的约束关系确定的。通常,要建立这些关系,无须执行任何操作;用户执行的设计操作和绘制方式已隐含了这些关系。在其他情况下,可以显式控制这些关系,例如锁定尺寸标注或与墙对齐。

任务5　理解 Revit MEP 术语

用于标识 Revit MEP 对象的多数术语是大多数工程师熟悉的常用业界标准术语。但是,有些术语是 Revit MEP 专用的。了解下列术语对了解软件非常重要。

1)单元

在 Revit MEP 中,单元是单个设计信息数据库。单元文件包含了建筑的所有设计 信息(从几何图形到构造数据)。这些信息包括用于设计模型的构件、单元视图和设计图纸。通过使用单个单元文件,Revit MEP 令用户不仅可以轻松地修改设计,还可以使修改反映在所有关联区域(平面视图、立面视图、剖面视图、明细表等)中。仅需跟踪一个文件还方便了单元管理。

2)标高

标高是无限水平平面,用作屋顶、楼板和天花板等以层为主体的图元的参照。标高大多用于定义结构内的垂直高度或楼层。用户可为每个已知楼层或建筑的其他必需参照(如第二层、墙顶或基础底端)创建标高。要放置标高,必须处于剖面或立面视图中。

3)图元

在创建单元时,需要向设计中添加 Revit MEP 参数化建筑图元。Revit MEP 按照类别、族和类型对图元进行分类,如图 3-1-2 所示。

(1)类别。类别是用于建筑设计建模或归档的一组图元。例如,模型图元的类别包括机械设备和风道末端,注释图元的类别包括标记和符号。

(2)族。族是某一类别中图元的类。族根据参数(属性)集的共用、使用上的相同和图形表示的相似来对图元进行分组。一个族中不同图元的部分或全部属性可能有不同的值,但是属性的设置(其名称与含义)是相同

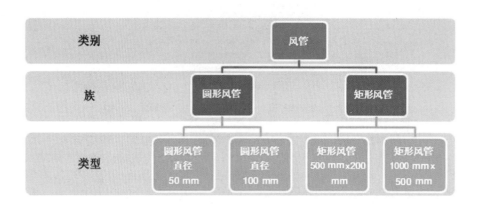

图 3-1-2　Revit MEP 分类

的。例如,可以将照明设备视为一个族,虽然构成此族的吊灯可能会有不同的尺寸和材质。

①可载入族可以载入单元中,且根据族样板创建,可以确定族的属性设置和族的图形化表示方法。

②系统族包括风管、管道和导线。它们不能作为单个文件载入或创建。Revit MEP 预定义了系统族的属性设置及图形表示,用户可以在单元内使用预定义类型生成属于此族的新类型。例如,将卫浴管件的属性在系统中进行预定义,但是,用户可以使用不同组合创建其他类型的管件。系统族可以在单元之间传递。

③内建族是在单元的环境中创建的自定义族。如果用户的单元需要不希望重复使用的独特几何图形,或需要保持与其他单元几何图形的众多关系之一,则创建内建族。

由于内建族在单元中的使用受到限制,每个内建族都只包含一种类型。用户可以在单元中创建多个内建族,并且可以将同一内建族图元的多个副本放置在单元中。与系统和标准构件族不同,用户不能通过复制内建族类型来创建多种类型。

(3)类型。各族都可包含多个类型。类型可以是族的特定尺寸,例如 A0 的标题栏,也可以是样式,例如尺寸标注的默认对齐样式或默认角度样式。

4)实例

实例是放置在单元中的实际项(单个图元),在设计(模型实例)或图纸(注释实例)中有特定的位置。

任务6　Revit MEP 界面的各组成部分

Revit MEP 界面旨在简化工作流程。几次单击,便可以修改界面以提供更好的、适合用户的使用方式。例如,用户可以将功能区设置为三种显示设置之一,以更高效地使用界面,还可以同时显示若干个单元视图,或按层次放置视图。

熟悉 Revit 界面的基本部分并勤加练习这些部分,包括隐藏、显示和重新排列界面等功能,可以为用户提供适合的视图观察和浏览方式。

创建或打开文件时功能区会自动显示,并提供创建文件时必需的所有工具。通过修改面板顺序或从功能区将面板移至桌面,用户可自定义功能区。用户可以最小化功能区,从而最大限度地使用绘图区域。

要移动面板,可执行下列操作。

(1)单击某个面板标签,然后将该面板拖拽到功能区所需的位置。

(2)单击某个面板标签,然后从功能区将该面板拖拽至桌面。

要使面板返回功能区,可单击"将面板返回到功能区"按钮,或将面板拖拽回其原始功能区选项卡,如图 3-1-3 所示。

图 3-1-3 功能区选项卡

1. 功能区选项卡和面板 ▼

如果用户看到的按钮显示一条将其分为两部分的线,可以单击顶部(或左侧)部分访问用户可能最常用的工具,单击另一部分可显示其他相关工具的列表,如图 3-1-4 所示。

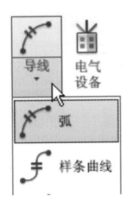

图 3-1-4 按钮示意图

功能区选项卡及其包含的命令的类型如图 3-1-5 所示。

功能区选项卡	包括用于下列用途的命令
常用	创建 MEP 设计所需的许多工具。
创建(仅限族文件)	创建和修改图元族所需的许多工具。
插入	用于添加和管理次级项目(如光栅图像和 CAD 文件)的工具。
注释	用于将二维信息添加到设计中的工具。
修改	用于编辑现有图元、数据和系统的工具。使用"修改"选项卡时,请首先选择工具,然后选择要修改的内容。
分析	用于对当前设计运行分析的工具。
设计	设计专用的工具。
协作	用于与内部和外部项目团队成员协作的工具。
视图	用于管理和修改当前视图以及切换视图的工具。
管理	项目和系统参数,以及设置。
附加模块	与 Autodesk Revit MEP 2010 结合使用的第三方工具。只有在安装第三方工具后,才能启用"附加模块"选项卡。

图 3-1-5 功能区选项卡及其包含的命令的类型

2. 展开的面板 ▼

面板底部的下拉箭头表示用户可以展开面板,以显示其他工具和控件,如图 3-1-6 所示。默认情况下,当用户单击其他面板时,展开的面板会自动关闭。要使面板始终保持展开状态,可单击展开面板左下角的图钉图标。

图 3-1-6　展开面板

单击面板底部的对话框启动器箭头可打开一个对话框,如图 3-1-7 所示。

图 3-1-7　对话框

3. 上下文功能区选项卡

执行某些命令或选择图元时,将显示某个特殊的上下文功能区选项卡,如图 3-1-8 所示,该选项卡包含的工具集仅与对应命令的上下文相关。

图 3-1-8　上下文功能区选项卡

例如,添加风管时,将显示"放置风管"上下文选项卡,其中包含三个面板。

(1)选择:包含"修改"命令。

(2)图元:包含"图元属性"和"类型选择器"。

(3)放置工具:包含放置和连接风管所需的放置工具。

结束命令后,上下文功能区选项卡即会关闭。

4. 应用程序框架

应用程序框架包含工具,以及帮助用户管理 Revit MEP 单元的反馈。

应用程序框架由五个主区域组成,如图 3-1-9 所示。

应用程序窗口工具		说明
应用程序按钮		打开应用程序菜单(单击)。
		关闭应用程序菜单(双击)。
应用程序菜单		用于访问常用工具。
快速访问工具栏		显示常用的工具。
信息中心		提供请求的信息。
状态栏		显示与 Revit 操作的当前状态相关的信息。

图 3-1-9　应用程序框架

5. 应用程序菜单

通过应用程序菜单,用户可以进行许多常用的文件操作,还可以使用更高级的命令(如"导出"和"发布")来管理文件,如图 3-1-10 所示。

【注意】　Revit MEP 选项在应用程序菜单上的"选项"中进行设置。在应用程序菜单中访问常用工具可以启动或发布文件。

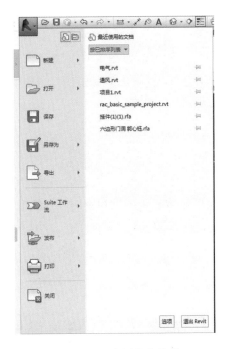

图 3-1-10　应用程序菜单

6.选项栏

选项栏位于功能区下方,其内容根据当前命令或选定图元的变化而变化,如图 3-1-11 所示。

图 3-1-11　选项栏设置

7.类型选择器

类型选择器位于当前调用工具(例如"放置墙")的"图元"面板上,其内容根据当前功能或选定图元的变化而变化。在图形中放置图元时,使用类型选择器可以指定要添加的图元类型。

要将现有图元修改为其他类型,可以选择一个或多个同种类别的图元,然后使用类型选择器选择所需类型,如图 3-1-12 和图 3-1-13 所示。

图 3-1-12　修改图元类型(一)

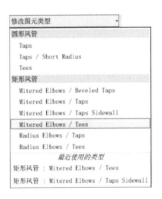

图 3-1-13　修改图元类型(二)

8. 视图控制栏 ▼

视图控制栏位于 Revit 窗口底部、状态栏上方,如图 3-1-14 所示。通过它,用户可以快速访问影响绘图区域的功能,这些功能如下:

①比例;

②详细程度;

③模型图形样式;

④日光路径;

⑤打开阴影/关闭阴影;

⑥显示/隐藏"渲染"对话框(仅当绘图区域显示三维视图时才可用);

⑦裁剪视图打开/裁剪视图关闭;

⑧显示裁剪区域/隐藏裁剪区域;

⑨临时隐藏/隔离;

⑩显示隐藏的图元。

图 3-1-14　视图控制栏

项目 2 食堂水模型的搭建

本项目介绍 Revit MEP 2016 给水排水专业软件,给水排水专业软件主要包括给水排水和消防两个模块。给水排水模块提供了便捷的卫浴布置和管道绘制模块,并且提供了卫浴与管道的快速连接功能;消防模块主要提供喷淋系统的快速搭建和便捷的定管径功能,可以实现快速定管径的命令,还提供消火栓的连接功能。软件对于管道调整方面也提供了升降偏移命令,可以快速对碰撞位置进行处理。

通过本项目 Revit MEP 2016 给水排水专业学习,应掌握以下技能:

(1)给排水、消防系统样板创建;

(2)管道材质与系统添加;

(3)系统过滤器添加;

(4)管道绘制方法与阀门放置使用;

(5)消防系统的设备布置方法;

(6)消防系统设备与管道的连接。

任务 1   单元准备

单元准备

Revit MEP 提供了强大的管道设计功能。利用这些功能,排水工程师可以更加方便、迅速地布置管道、调整管道尺寸、控制管道显示、进行管道标注和统计等。

1. 图纸拆块与处理

通过 CAD 打开水暖图纸.dwg 文件,框选→"半地下室给排水、消火栓平面"→点击"W 键"会出现写块状态栏(见图 3-2-1)。

点击"插入单位",单位设置为毫米,点击"文件名和路径"后的蓝色操作点设置相应的路径(见图 3-2-2)。

根据拆图方式将设备的所有专业图纸按层进行拆分,接下来需对图纸进行处理。

点击软件左上角的"A"→点击"图形使用工具"→"清理"(见图 3-2-3)。根据实际情况选择未使用的项目,如无须设置直接点击"全部清理"→"清理此项目"(见图 3-2-4)。

图 3-2-1　写块状态栏　　　　　　　　图 3-2-2　单位与路径设置

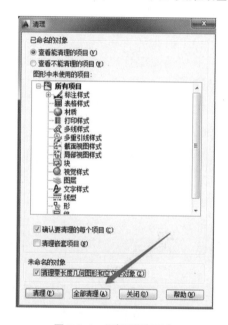

图 3-2-3　"选项"选项卡　　　　　　　图 3-2-4　"清理"选项卡

2. 样板文件创建

点击"应用程序菜单"按钮→"新建"→"项目"，打开"新建项目"对话框（见图 3-2-5）。

图 3-2-5　"新建项目"选项卡

点击"管理"选项卡→"项目参数"→"添加"(见图 3-2-6),在参数数据"名称"位置输入"视图分类-父"→"规程"设置为公共→"参数类型"设置为文字→"参数分组方式"设置为图形→在右侧"类别"中找到视图勾选→确定,如图 3-2-7 所示。用同样的步骤将"视图分类-子"创建出来。

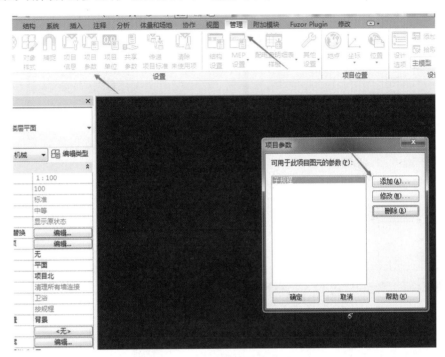

图 3-2-6 "项目参数"选项卡

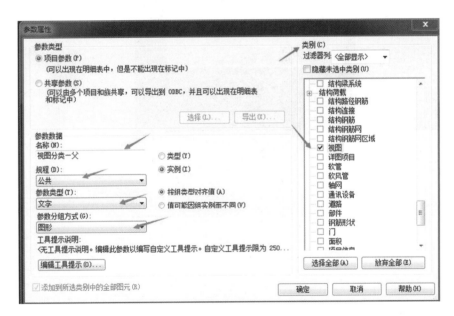

图 3-2-7 项目参数属性设置

点击"视图"选项卡→"用户界面"→"浏览器组织"(见图 3-2-8),在"浏览器组织"对话框中,点击"新建",创建一个名称为"4 号食堂给排水"的文件(见图 3-2-9)。

点击"编辑",出现"浏览器组织属性"对话框,选择"成组和排序","成组条件"选择"视图分类-父","否则按"选择"视图分类-子"和"族与类型"。"排序方式"选择"视图名称",点击"升序"或者"降序",最后点击"确定"(见图 3-2-10)。

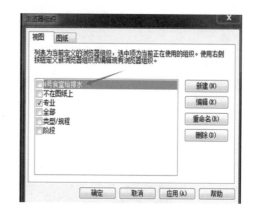

图 3-2-8　用户界面　　　　　　　　　　　　图 3-2-9　浏览器组织

将父规程与子规程分别设置为给排水系统、给排水。给排水系统项目浏览器的最终成果如图 3-2-11 所示。

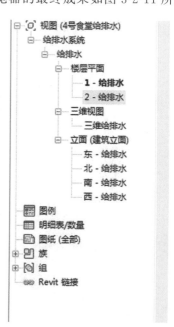

图 3-2-10　浏览器组织属性设置　　　　　图 3-2-11　给排水系统项目浏览器的
　　　　　　　　　　　　　　　　　　　　　　　　　　最终成果

3. 标高与轴网绘制

1）标高复制

将建筑模型链接到项目文件中。点击功能区的"插入"→"链接 Revit"，打开"导入/链接 RVT"对话框，选择要链接的建筑模型"ZDSC-Z-A. rvt"，并在"定位"一栏中选择"自动原点到原点"，点击右下角的"打开"，点击右侧项目浏览器中建筑立面中的"东-给排水"，这样，建筑模型就成功链接到了项目文件中，如图 3-2-12 所示。完成链接后，单元中存在两类标高，一类是链接的建筑模型标高，另一类是 4 号食堂给排水样板自带的标高。可以通过复制监视的方法实现链接，方法是点击功能区的"协作"→"复制/监视"→"选择链接"（见图 3-2-13）。

在绘图区域点击链接模型，激活"复制/监视"选项卡，点击"复制"激活"复制/监视"选项栏（见图 3-2-14）。

2）创建平面视图

创建与建筑模型标高对应的平面视图，其具体操作步骤如下：

（1）复制标高后，点击功能区的"视图"→"平面视图"→"楼层平面"，打开"新建楼层平面"对话框。

（2）在列表中选择一个或多个标高，然后点击"确定"。平面视图名称将显示在单元浏览器中（见

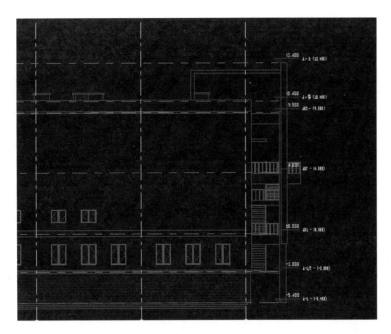

图 3-2-12　给排水立面

图 3-2-13　选择链接

图 3-2-14　复制/监视

图 3-2-15）。其他类型的平面视图的创建步骤和上述步骤类似。为了和模板中的视图名称保持一致，所以修改刚才创建好的平面视图名称为"某层给水排水平面图"，以地下一层和首层为例，修改视图名称为"地下一层给水排水平面图"和"首层给水排水平面图"。同时修改楼层平面属性"视图分类-父"为"给排水系统"，"视图分类-子"为"给排水"（见图 3-2-16）。

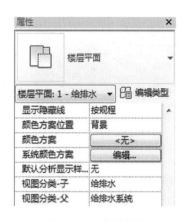

图 3-2-15　平面视图　　　　　　　　　图 3-2-16　视图分类

3）轴网复制

在"楼层平面"中选中"首层给水排水平面图"进入平面视图,点击"协作"选项卡→"复制/监视"→"选择链接"选中链接模型→"复制"单选每个轴网→"完成",创建完成。

任务2　给水排水系统

给水排水系统

1.管道类型的设置

在下面的介绍中,主要以地下一层和首层的排水系统为例进行介绍。首先通过看"建校水暖出图板"

得到信息:排水管采用优质 PVC-U 螺旋消声管,粘接;连接卫生器具的排水管采用优质 PVC-U 塑料管,粘接。须将以上信息设置到管道类别中。点击菜单栏中的"系统"→"管道"会弹出管道属性栏(见图 3-2-17),点击"编辑类型"弹出类别属性状态栏→"复制"将名称改为"排水系统-PVC-U-粘接"→点击布管系统配置栏右侧的"编辑"→将"管段"设置为 PVC-U-GB/T 5836(见图 3-2-18)→将弯头、连接、四通、过渡件、活接头、管帽设置成 PVC-U-粘接管件(见图 3-2-19)。

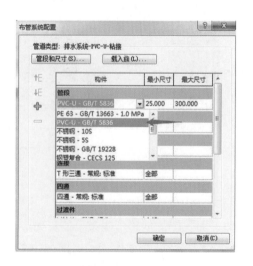

图 3-2-17　给水排水系统管道属性栏　　　　　　　图 3-2-18　给水排水系统布管系统配置栏(一)

2. 管道系统的设置 ▽

点击右侧项目浏览器→"族"→"管道系统"→"管道系统"→"卫生设备"（见图 3-2-20），右击"卫生设备"重命名为"排水系统"。双击"排水系统"弹出类型属性栏→点击"材质"弹出材质浏览器→设置为 PVC-U（见图 3-2-21）→图形替换编辑→颜色→设置为红 128、绿 0、蓝 0→确定（见图 3-2-22）。

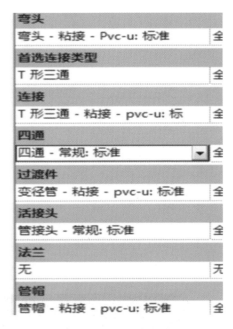

图 3-2-19　给水排水系统布管系统配置栏（二）

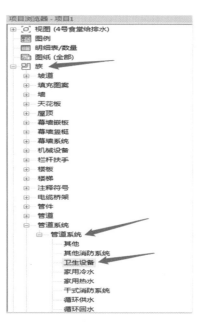

图 3-2-20　给水排水系统项目浏览器族系统

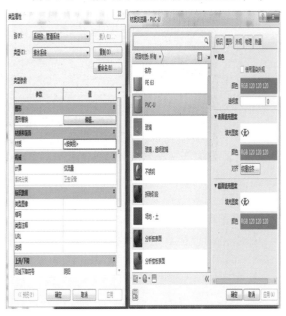

图 3-2-21　给水排水系统材质浏览器

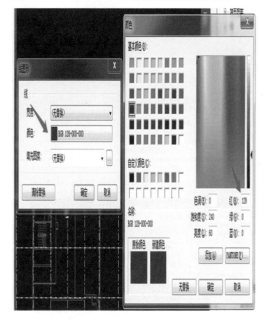

图 3-2-22　给水排水系统线图形

3. 系统过滤器的搭建 ▽

VV 快捷键打开"楼层平面：一层给水排水平面图的可见性/图形替换"菜单栏，点击"过滤器"→"编辑/新建"→在左侧过滤器栏新建→将过滤器名称设置为"给水系统"→确认→在过滤器列表栏中选中管道、管件、管道附件→过滤条件，过滤条件中的系统类型为给水系统（见图 3-2-23）。根据相同的方法结合图纸将给水系统、排水系统进行设置。

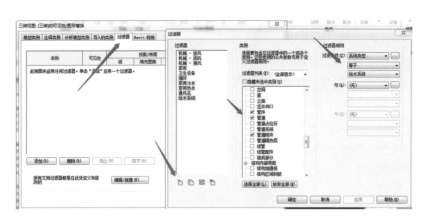

图 3-2-23　给水排水系统过滤器

4. 链接图纸与基点调整

1）链接图纸

点击菜单栏的"插入"→链接 CAD→将拆分好的"半地下室给排水平面"图纸选中，导入单位设置为毫米，定位选择自动，仅当前视图前面打钩（见图 3-2-24），点击打开。

单击鼠标右键，选择快捷菜单中的"缩放匹配"，选中链接进来的 CAD，单击，解锁，对齐之前复制好的轴网，将图纸与轴网都锁定（见图 3-2-25）。

图 3-2-24　给水排水系统链接 CAD

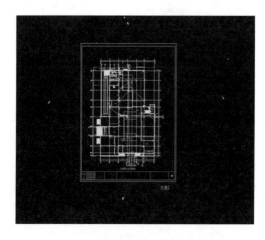

图 3-2-25　给水排水系统链接成果图

2）基点调整

点击切换至首层给水排水平面图→VV 快捷键打开"楼层平面：一层给水排水平面图的可见性/图形替换"菜单栏→"场地"→勾选"项目基点"（见图 3-2-26）→确定→点击平面上项目基点"修改点剪切状态"→将基点移动至轴网 A 与 1 的交点处。

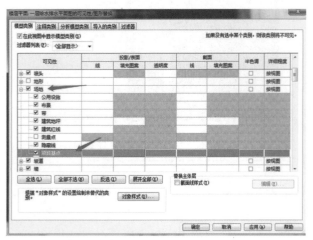

图 3-2-26　基点设置

5. 管道绘制 ▼

1）水平管道绘制

以首层给水排水平面图中7轴与F轴的JL-1给水管为绘制对象,点击"系统"选项卡中的"管道"命令→弹出放置管道命令,须根据平面图与系统图设置偏移量(管道的标高)、系统类别(管道类别)、直径(管道直径)(见图3-2-27)→以图纸为参照点击管道,点击起点,拖拽至终点,绘制完成。管道不可见时需将左侧属性栏中视图范围底与视图深度栏设置为－2000(大于管线标高)(见图3-2-28),将软件下方的精细程度与视觉样式分别设置为精细与着色。

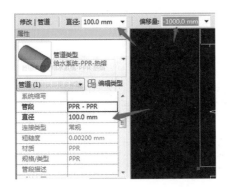

图 3-2-27　给水排水系统管道配置

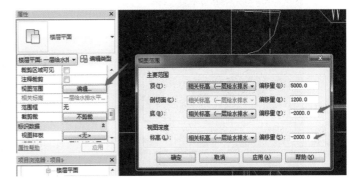

图 3-2-28　给水排水系统视图范围设置

如遇三通位置可右键点击绘制好的管道→选择类似实例(避免频繁设置管道参数),左侧属性栏出现管道类型,光标变为十字→用鼠标左键点击三通交点处(见图3-2-29),移动鼠标向上拖拽,确定→点击弯头,弯头左侧出现"＋"号,点击"＋"号可生成三通(见图3-2-30)。

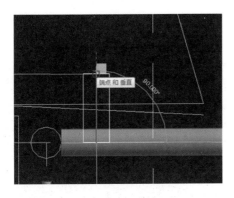

图 3-2-29　给水排水系统三通交界处

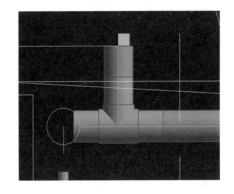

图 3-2-30　给水排水系统三通绘制

2）垂直管道绘制

以JL-1立管为例,绘制立管。首先根据图纸计算出立管的底高度与顶高度为－5400 mm、±0.000(一般与楼层高度相同)→右键点击管道创建类似实例,设置管道参数→偏移量设置为－5400,在立管位置点击左键→将偏移量修改为0→点击应用2次,立管绘制成功→在三维视图中选中弯头,点击上方"修改"选项卡中的"连接到"→点击立管,水平管道与垂直管道连接成功(见图3-2-31)。

6. 卫浴设备 ▼

Revit本身卫浴设备族库较少,所以我们需使用构件坞进行卫浴设备设计,根据图纸在构件坞中下载拖布池与水龙头(下载带管道连接件的族)(见图3-2-32)→根据图纸中水龙头与拖布池的高度进行卫浴设备放置(通过"系统"选项卡卫浴装置放置下载的族文件)→点击卫浴设备→连接到选择的管道→完成连接(见图3-2-33)。

图 3-2-31 水平管道与垂直管道连接处

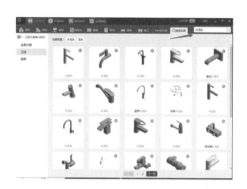

图 3-2-32 族下载

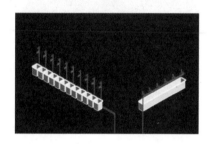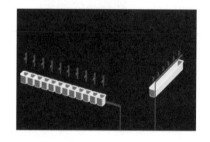

图 3-2-33 卫浴设备连接管道前后对比

7. 水管阀件

由于 revit 本身阀件族较少，我们通过鸿业机电插件进行阀件放置，点击选项卡的"给排水"→水管阀件（可通过名称列表、三维列表及关键字搜索来查找相应水阀）→根据图纸找到对应阀件→点击"布置"按钮，在视图中布置相应水阀。水阀布置种类如图 3-2-34 所示。管道上布置阀件后的效果如图 3-2-35 所示。

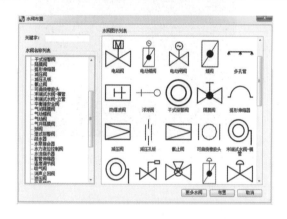

图 3-2-34 水阀布置种类

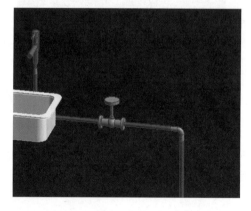

图 3-2-35 管道上布置阀件后的效果

8. 系统图

绘制好排水系统的管道以后，可以利用"标注出图"模块中的"系统图"命令进行出图。点击"系统图设置"命令，可以提前对各类管道附件和设备进行映射关系的设置。在左侧族信息中选择需要建立对应关系的族，右侧选择图例信息及图例角度。选定后，点击"映射系统图图例"按钮，确定映射关系，左侧族中将显示已经建立映射。

点击功能区的"标注出图"→"系统图"，打开"系统图"对话框，设置参数以后，点击"确定"，在视图中选取一个管道系统，则可以自动生成该系统的系统图（见图 3-2-36）。

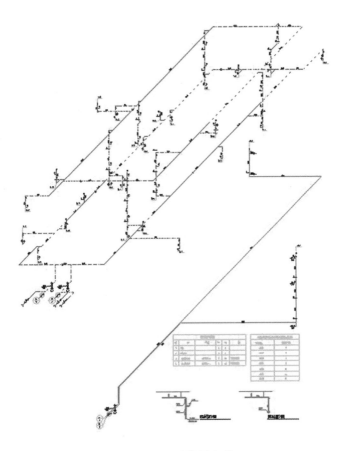

图 3-2-36　系统图生成

9. 材料表

材料表功能用于对单元中的材料进行统计并输出材料表。

点击功能区的"给水排水"→"材料表",打开"材料统计"对话框。"图面选择"通过在视图中框选来确定所要的范围。"条件设置自动统计"可以选择标高进行过滤,可以进行材料添加、编辑、删除;可以进行方案添加,可以在对话框中分别对"基本信息""统计类别""表头设计""对象过滤"进行设置;可以编辑方案、选择方案、删除方案。

统计在图面上以表格形式出现(见图 3-2-37)。

材料表						
序号	图例	名称	规格	单位	数量	备注
1		管连接_外型_给水_160	63 mm	m	1	
2		管连接_外型_给水_160	90 mm	m	1	
3		管连接_外型_给水_160	110 mm	m	8	
4		管连接_外型_给水_160	160 mm	m	59	
5		管连接_外型_给水_90	63 mm	m	2	
6		管连接_外型_给水_90	90 mm	m	50	

图 3-2-37　图面格式材料表

对单元中的材料还可以进行统计并输出 Excel 材料表,点击功能区的"给水排水"→"Excel 材料表",打开"快速统计表"对话框(见图 3-2-38),点击"导出 Excel"完成操作。

图 3-2-38 材料表设置

任务3 消防系统

消防系统

1. 管道类型的设置 ▽

在下面的介绍中,主要以地下室喷淋系统为例进行介绍。首先通过看"建校水暖出图板"得到信息:喷淋系统与消火栓采用内外壁热镀锌钢管,DN≤50,丝接;DN>50,沟槽连接。须将以上信息设置到管道类别中。点击菜单栏中的"系统"→"管道"会弹出管道属性栏(见图 3-2-17),点击"编辑类型"弹出类别属性状态栏→"复制"将名称改为"喷淋系统、消火栓-内外壁热镀锌钢管"→点击布管系统配置栏右侧的"编辑"→将"管段"设置为内外壁热镀锌钢管(见图 3-2-39)→将弯头、连接、四通、过渡件、接头、管帽设置成丝接、沟槽连接(见图 3-2-40)。

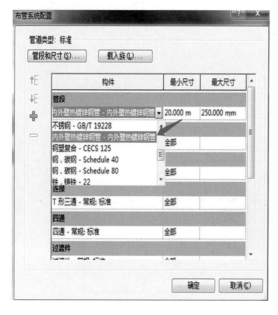

图 3-2-39 消防系统布管系统配置栏(一)

弯头		
弯头_丝接: 标准	15.000 m	50.000 mm
弯头_卡箍: 标准	65.000 m	350.000 mm
首选连接类型		
T 形三通	全部	
连接		
变径三通_丝接: 标准	15.000 m	50.000 mm
等径三通_丝接: 标准	65.000 m	350.000 mm
变径三通_卡箍: 标准	15.000 m	50.000 mm
等径三通_卡箍: 标准	65.000 m	350.000 mm
四通		
四通_丝接: 标准	15.000 m	50.000 mm
四通_卡箍: 标准	65.000 m	350.000 mm
过渡件		
变径_丝接: 标准	15.000 m	50.000 mm
变径_卡箍: 标准	65.000 m	350.000 mm

图 3-2-40 消防系统布管系统配置栏(二)

2. 管道系统的设置 ▽

点击右侧项目浏览器→"族"→"管道系统"→"管道系统"→"预作用消防系统"(见图 3-2-41),右击重命名为"喷淋系统""消火栓系统"→双击"喷淋系统"弹出类别属性栏→点击"材质"弹出材质浏览器→设置为内外壁

热镀锌钢管（见图 3-2-42）→图形替换编辑→颜色→设置为红 255、绿 0、蓝 128，红 128、绿 0、蓝 255→确定（见图 3-2-43）。

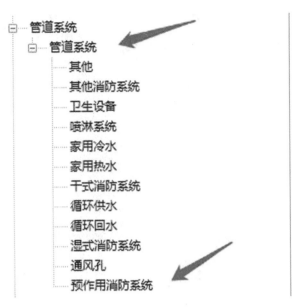

图 3-2-41　消防系统项目浏览器族系统

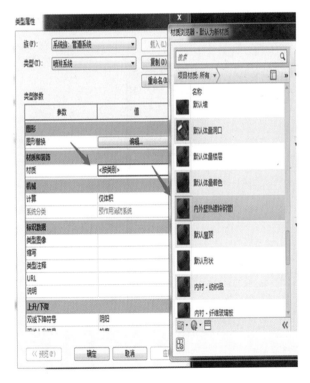

图 3-2-42　喷淋系统材质浏览器

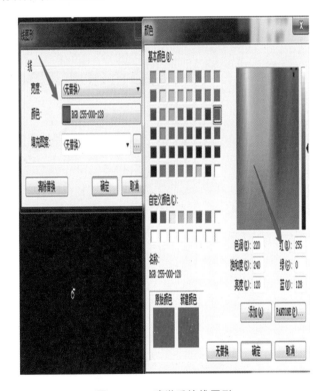

图 3-2-43　喷淋系统线图形

3. 系统过滤器的搭建

VV 快捷键打开"楼层平面：地下室喷淋的可见性/图形替换"菜单栏，点击"过滤器"→"编辑/新建"→在左侧过滤器栏新建→将过滤器名称设置为"喷淋系统"→确认→在过滤器列表栏中选中管道、管件、管道附件→过滤条件，过滤条件中的系统类型为喷淋系统（见图 3-2-44）。

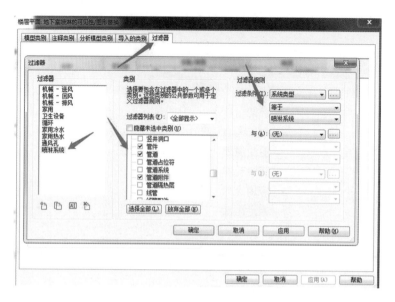

图 3-2-44 喷淋系统过滤器设置

4.链接图纸与基点调整

1）链接图纸

点击菜单栏的"插入"→链接CAD→将拆分好的"半地下室给排水、消火栓平面"和"半地下喷淋平面图"图纸选中，导入单位设置为毫米，定位选择自动，仅当前视图前面打钩（见图3-2-45），点击打开。

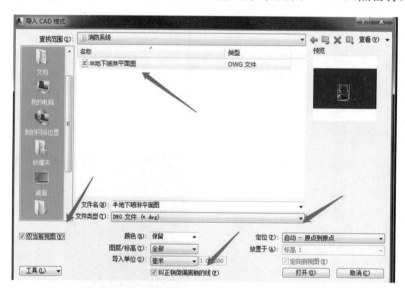

图 3-2-45 消防系统链接 CAD

单击鼠标右键，选择快捷菜单中的"缩放匹配"，选中链接进来的CAD，单击，解锁，对齐之前复制好的轴网，将图纸与轴网都锁定（见图3-2-46）。

2）基点调整

点击切换至首层给水排水平面图→VV快捷键打开"楼层平面：一层给水排水平面图的可见性/图形替换"菜单栏→"场地"→勾选"项目基点"（见图3-2-26）→确定→点击平面上项目基点"修改点剪切状态"→将基点移动至轴网A与1的交点处。

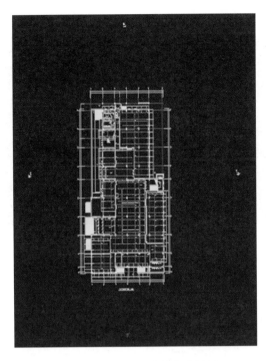

图 3-2-46　消防系统链接成果图

5.管道绘制

1）水平管道绘制

以半地下室喷淋平面图中 7 轴与 D 轴中喷淋主管为绘制对象，点击"系统"选项卡中的"管道"命令→弹出放置管道命令，须根据平面图与系统图设置偏移量（管道的标高）、系统类别（管道类别）、直径（管道直径）（见图3-2-47）→以图纸为参照点击管道，点击起点，拖拽至终点，绘制完成。管道不可见时需将左侧属性栏中视图范围顶与视图深度栏设置为 4000（大于管线标高）（见图 3-2-48），将软件下方的精细程度与视觉样式分别设置为精细与着色。

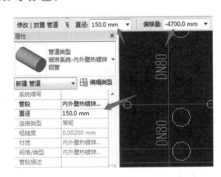

图 3-2-47　喷淋系统管道配置

图 3-2-48　喷淋系统视图范围设置

如遇三通位置可右键点击绘制好的管道→选择类似实例（避免频繁设置管道参数），左侧属性栏出现管道类型，光标变为十字→用鼠标左键点击三通交点处（见图 3-2-49），移动鼠标向上拖拽，确定→点击弯头，弯头左侧出现"＋"号，点击"＋"号可生成三通（见图 3-2-50）。

2）垂直管道绘制

以 JL-1 立管为例，绘制立管。首先根据图纸计算出立管的底高度与顶高度为－5400 mm、±0.000（一般与楼层高度相同）→右键点击管道创建类似实例，设置管道参数→偏移量设置为－5400，在立管位置点击左键→将偏移量修改为 0→点击应用 2 次，立管绘制成功→在三维视图中选中弯头，点击上方"修改"选项卡中的"连接到"→点击立管,水平管道与垂直管道连接成功(见图3-2-51)。

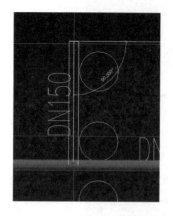

图3-2-49　喷淋系统三通交界处　　　　图3-2-50　喷淋系统三通绘制

6.布置喷头 ▼

Revit 本身消防族库较少,所以我们需使用鸿业机电插件进行消防设计,点击选项卡中的消防系统命令→布置喷头→根据图纸设置喷头类型、喷头参数、喷头标高(见图3-2-52)→选择"单个布置"→在平面图中点击放置→单独选中喷头→点击上方选项卡的"连接到"→点击对应管道→连接完成(见图3-2-53)。

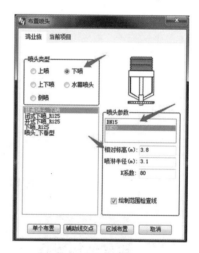

图3-2-51　水平、立管连接　　　　　　图3-2-52　喷头配置菜单栏

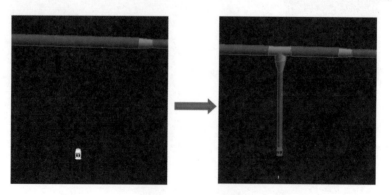

图3-2-53　喷头连接

7. 布置消火栓 ▼

VV 快捷键打开"楼层平面：半地下室消火栓平面的可见性/图形替换"菜单栏→导入类别，将喷淋平面图的"√"号点掉，将消火栓平面的"√"号点亮→选项卡中的"消防系统"→布置消火栓→根据图纸设置消火栓类型、计算保护半径（见图 3-2-54）→选择自由布置→在平面图中点击放置→点击上方选项卡的"连接到"→点击对应管道→连接完成（见图 3-2-55）。

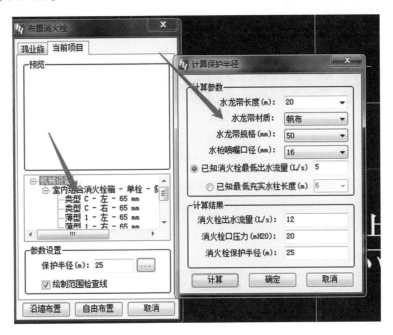

图 3-2-54　消火栓配置菜单栏

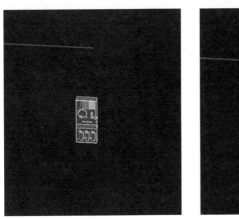

图 3-2-55　消火栓连接

项目 3

食堂暖通模型的搭建

本项目介绍 Revit MEP 2016 暖通专业模型,暖通专业模型主要包括通风系统和供热两个模块,Revit 暖通系统可以通过设计风管系统,满足建筑的供热和制冷需求;可以使用工具来创建风管系统,将风道末端和机械设备放置在项目中;可以使用自动系统创建工具创建风管布线布局,连接送风和回风系统构件,可以连接兼容的风管末端和空调设备,以提供项目所需的加热和制冷。

通过本项目 Revit MEP 2016 的学习,可掌握以下技能:

(1)暖通风系统风管的绘制以及设备的布置;

(2)风系统设备与风管的连接;

(3)风管的调整功能。

任务 1 单元准备

单元准备

中央空调系统是现代建筑设计中必不可少的一部分,尤其是一些面积较大、人流较多的公共场所,更是需要高效、节能的中央空调来实现对空气环境的调节。

本任务将通过案例"食堂暖通设计"来介绍暖通专业在 Revit MEP 中建模的方法,并讲解设置风系统的各种属性的方法,使读者了解暖通系统的概念和基础知识,学会在 Revit MEP 中使用暖通系统。

1. 图纸拆块与处理 ▼

通过 CAD 打开水暖图纸.dwg 文件,框选→"半地下室给排水、消火栓平面"→点击"W 键"会出现写块状态栏(见图 3-3-1)。

点击"插入单位",单位设置为毫米,点击"文件名和路径"后的蓝色操作点设置相应的路径(见图 3-3-2)。

接下来需对图纸进行处理,点击软件左上角的"A"→点击"图形使用工具"→"清理"(见图 3-3-3)。根据实际情况选择未使用的项目,如无须设置直接点击"全部清理"→"清理此项目"(见图 3-3-4)。根据以上步骤对"半地下室通风平面图""半地下室采暖干管平面图"进行裁图处理。

图 3-3-1 写块状态栏

图 3-3-2　单位与路径设置

图 3-3-3　"选项"选项卡

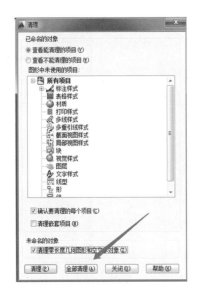

图 3-3-4　"清理"选项卡

2. 样板文件创建

点击"应用程序菜单"按钮→"新建"→"项目",打开"新建项目"对话框(见图 3-3-5)。

图 3-3-5　"新建项目"选项卡

点击"管理"选项卡→"项目参数"→"添加"(见图 3-3-6),在参数数据"名称"位置输入"视图分类-父"→"规程"设置为公共→"参数类型"设置为文字→"参数分组方式"设置为图形→在右侧"类别"中找到视图勾选→确定(见图 3-3-7)。用同样的步骤将"视图分类-子"创建出来。

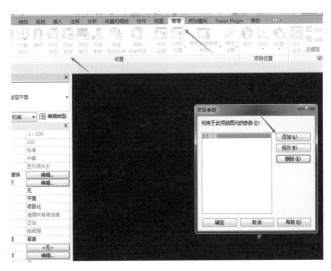

图 3-3-6　"项目参数"选项卡

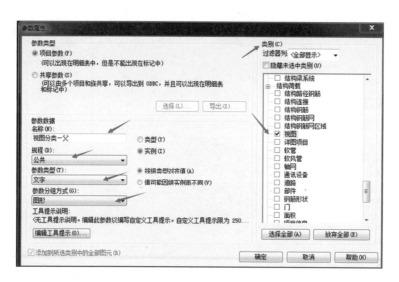

图 3-3-7　项目参数属性设置

点击"视图"选项卡→"用户界面"→"浏览器组织"（见图 3-3-8），在"浏览器组织"对话框中，点击"新建"→创建一个名称为"4 号食堂暖通"的文件（见图 3-3-9）。

图 3-3-8　用户界面

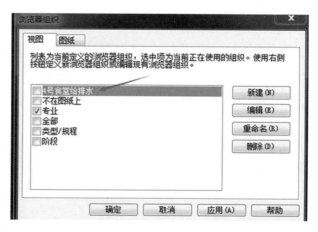

图 3-3-9　浏览器组织

点击"编辑"，出现"浏览器组织属性"对话框，选择"成组和排序"，"成组条件"选择"视图分类-父"，"否则按"选择"视图分类-子"和"族与类型"。"排序方式"选择"视图名称"，点击"升序"或者"降序"，最后点击"确定"（见图 3-3-10）。

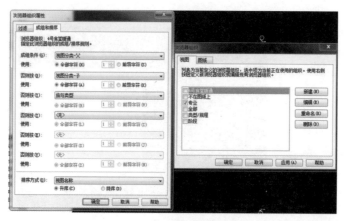

图 3-3-10　浏览器组织属性设置

将父规程与子规程分别设置为暖通系统,通风、采暖、地热系统。暖通系统项目浏览器的最终成果如图 3-3-11 所示。

3.标高与轴网绘制

1)标高复制

将建筑模型链接到项目文件中。点击功能区的"插入"→"链接 Revit",打开"导入/链接 RVT"对话框,选择要链接的建筑模型"ZDSC-Z-A.rvt",并在"定位"一栏中选择"自动原点到原点",点击右下角的"打开",点击右侧项目浏览器中建筑立面中的"东-给排水",这样建筑模型就成功链接到了项目文件中,如图 3-3-12 所示。完成链接后,单元中存在两类标高,一类是链接的建筑模型标高,另一类是 4 号食堂暖通样板自带的标高。可以通过复制监视的方法实现链接,点击功能区的"协作"→"复制/监视"→"选择链接"(见图 3-3-13)。

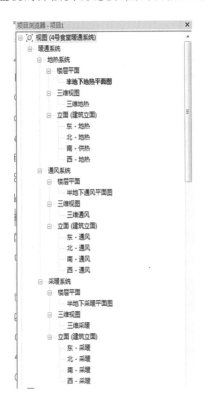

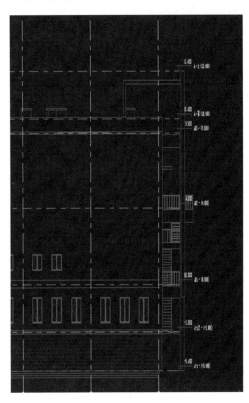

图 3-3-11 暖通系统项目浏览器的最终成果　　　　图 3-3-12 暖通立面

图 3-3-13 选择链接

在绘图区域点击链接模型,激活"复制/监视"选项卡,点击"复制"激活"复制/监视"选项栏(见图 3-3-14)。

2)创建平面视图

创建与建筑模型标高对应的平面视图,其具体操作步骤如下:

(1)复制标高后,点击功能区的"视图"→"平面视图"→"楼层平面",打开"新建楼层平面"对话框。

(2)在列表中选择一个或多个标高,然后点击"确定"。平面视图名称将显示在单元浏览器中,其他类型的

图 3-3-14　复制/监视

平面视图的创建步骤和上述步骤类似。为了和模板中的视图名称保持一致，所以修改刚才创建好的平面视图名称为"半地下通风平面图"，以地下一层和首层为例，修改视图名称为"半地下通风平面图"。同时修改楼层平面属性"视图分类-父"为"暖通系统"，"视图分类-子"为"通风系统"。根据上述方法，结合图纸设置采暖系统。

　　3）轴网复制

　　在"楼层平面"中选中"首层给水排水平面图"进入平面视图，点击"协作"选项卡→"复制/监视"→"选择链接"选中链接模型→"复制"单选每个轴网→"完成"，创建完成。

任务**2**　通风系统

通风系统

1. 风管类型的设置 ▽

　　在下面的介绍中，主要以地下一层的通风系统为例进行介绍。首先通过看"建校水暖出图板"得到信息：风管采用镀锌钢板制作，法兰连接，风口为铝合金制作。须将以上信息设置到风管类别中。点击菜单栏中的"系统"→"风管"会弹出管道属性栏（见图 3-3-15），点击"编辑类型"弹出类别属性状态栏→"复制"将名称改为"排风系统-镀锌钢板"→点击布管系统配置栏右侧的"编辑"→将弯头、连接、四通、过渡件、多形状过渡件矩形到圆形、活接头、管帽设置成法兰管件（见图 3-3-16）。

图 3-3-15　通风系统管道属性栏

图 3-3-16　通风系统布管系统配置

2. 管道系统的设置 ▽

　　点击右侧项目浏览器→"族"→"风管系统"→"风管系统"→"排风系统"，右击复制→重命名为"排风系统"（见图 3-3-17），双击"排风系统"弹出类型属性栏→选择材质→弹出材质浏览器→设置为镀锌钢板（见图 3-3-18）。

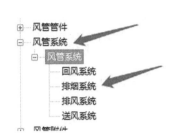

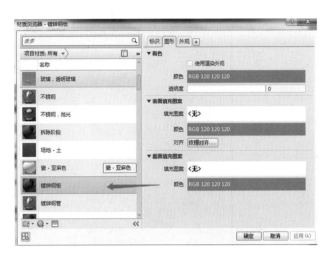

图 3-3-17　通风系统风管系统设置　　　　　图 3-3-18　通风系统材质设置

3.系统过滤器的搭建

VV 快捷键打开"楼层平面:半地下室通风平面图的可见性/图形替换"菜单栏,点击"过滤器"→"编辑/新建"→在左侧过滤器栏新建→将过滤器名称设置为"排风系统"→确认→在过滤器列表栏中选中风管、风管内衬、风管占位符、风管管件、风管附件、风管隔热层、风道末端→过滤条件,过滤条件中的系统类型为排风系统,如图 3-3-19 所示。

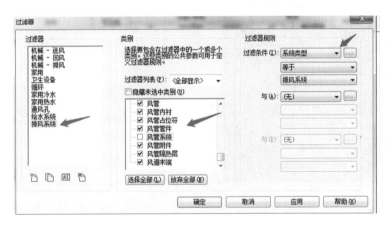

图 3-3-19　通风系统过滤器设置

4.链接图纸与基点调整

1)链接图纸

点击菜单栏的"插入"→链接 CAD→将拆分好的"半地下室通风平面图"图纸选中,导入单位设置为毫米,定位选择自动,仅当前视图前面打钩(见图 3-3-20),点击打开。

单击鼠标右键,选择快捷菜单中的"缩放匹配",选中链接进来的 CAD,单击,解锁,对齐之前复制好的轴网,将图纸与轴网都锁定(见图 3-3-21)。

2)基点调整

点击切换至首层给水排水平面图→VV 快捷键打开"楼层平面:一层给水排水平面图的可见性/图形替换"菜单栏→"场地"→勾选"项目基点"(见图 3-3-22)→确定→点击平面上项目基点"修改点剪切状态"→将基点移动至轴网 A 与 1 的交点处。

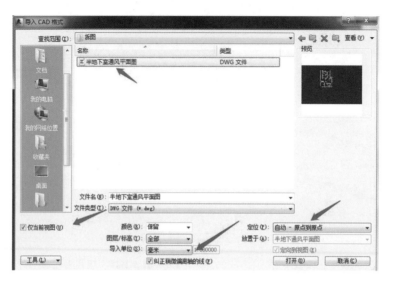

图 3-3-20　通风系统链接 CAD

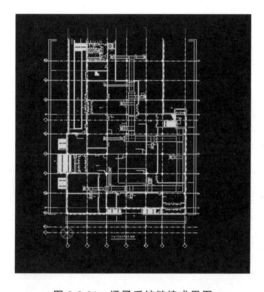

图 3-3-21　通风系统链接成果图

图 3-3-22　基点设置

5. 管道绘制

1）水平风管绘制

以半地下室通风平面图中的排烟管为绘制对象，点击"系统"选项卡中的"风管"命令→弹出放置风管命令，须根据平面图设置偏移量（管道的标高）、系统类别（风管类别）、尺寸（管道长度、宽度）（见图 3-3-23）→以图纸为参照点击风管，点击起点，拖拽至终点，绘制完成。管道不可见时需将左侧属性栏中视图范围顶与剖切面设置为 5000（大于管线标高）（见图 3-3-24），将软件下方的精细程度与视觉样式分别设置为精细与着色。

如遇变径位置可绘制两侧风管→点击风管→选中拖拽点→拖拽到另外一侧风管的中心（出现紫色圆形为中心）（见图 3-3-25），变径生成（见图 3-3-26）。

如遇三通位置可绘制上下侧风管→点击尺寸较小的风管→选中拖拽点→拖拽到尺寸较大的风管的中心（出现一条蓝色线）（见图 3-3-27），三通部分生成（见图 3-3-28）。

通风系统水平风管的最终效果如图 3-3-29 所示。

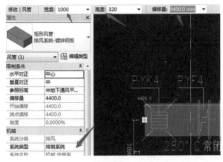

图 3-3-23　通风系统管道配置　　　　　　图 3-3-24　通风系统视图范围设置

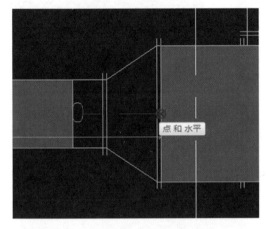
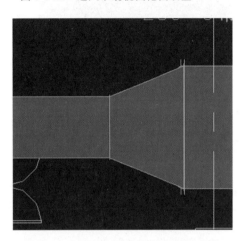

图 3-3-25　通风系统变径位置拖拽点识别　　　图 3-3-26　通风系统变径位置变径生成

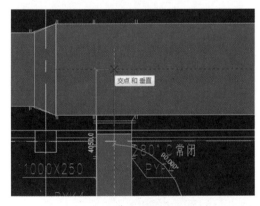
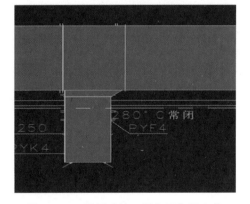

图 3-3-27　通风系统三通位置拖拽点识别　　　图 3-3-28　通风系统三通位置变径生成

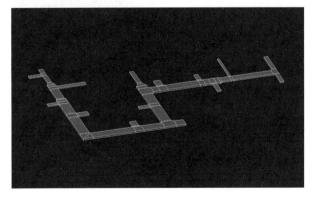

图 3-3-29　通风系统水平风管的最终效果

2）垂直风管绘制

以半地下室通风平面图中的排烟井为例，绘制立管。根据图纸计算出立管的底高度与顶高度±0.000、5500（一般与楼层高度相同）→右键点击管道创建类似实例，设置管道参数→偏移量设置为0，在立管位置点击左键→将偏移量修改为5500→点击应用2次（见图3-3-30），立管绘制成功→在平面视图中选中水平风管，选中拖拽点→拖拽至垂直风管（出现中心紫色圆形），连接成功（见图3-3-31）。

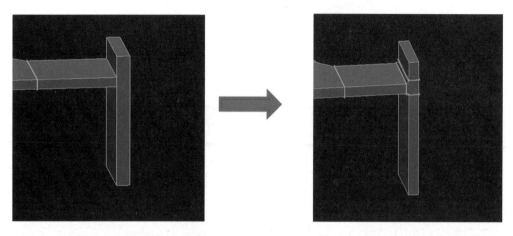

图3-3-30　通风系统垂直风管　　　　图3-3-31　通风系统平行风管与垂直风管连接

6. 风管阀件绘制

通过鸿业机电插件进行阀门放置，首先根据图纸统计出阀门种类，如280℃矩形常闭防火阀。

点击"风系统"选项卡→"风管阀件"→找到对应阀门（见图3-3-32）→双击阀门→在平面对应位置进行放置（见图3-3-33）。

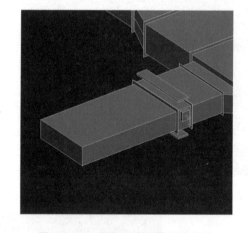

图3-3-32　通风系统风管阀件菜单　　　　图3-3-33　通风系统风管阀件完成

提示：阀门如果方向相反，切换至平面图→选中阀门→阀门上下两侧出现黄色旋转符号→点击→旋转完成。

7. 风口末端绘制

通过鸿业机电插件进行风口末端放置，首先根据图纸确定风口种类、尺寸与吊顶高度（风口高度）→点击"风系统"选项卡→"布置风口"→修改参数（见图3-3-34）→选择"单个布置"→在图纸对应位置进行放置（见图3-3-35）→点击风口→点击上方右侧选项卡中的风口末端安装到风管上→点击风管→完成连接（见图3-3-36）。

图 3-3-34　通风系统风口参数

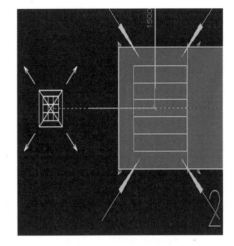

图 3-3-35　通风系统风口放置

图 3-3-36　通风系统风口末端连接前后

8. 风管计算

1)风管水力计算

鸿业机电插件强大的计算功能,可对排风系统进行水力计算,点击"风系统"选项卡→风管水力计算→在平面图中点击拾取绘制完成的风管→弹出风管水力计算对话框→点击设置→参数设置,对建筑类型进行设置→点击计算→查看设计计算结果(见图 3-3-37)→通过"查看"功能查看最长分支、最不利分支、最不平衡分支的参数→通过计算功能中的 Excel 计算书导出水力计算书(见图 3-3-38)。

图 3-3-37　通风系统风管计算结果

图 3-3-38　通风系统风管计算结果输出

2）风管风速检查

鸿业机电插件强大的计算功能，可对排风系统进行风管风速检查，点击"防排烟"选项卡→风管风速检查→弹出风管风速检查菜单栏（见图 3-3-39）→点击右下角的绿色"＋"号→名称新建为颜色方案-排风→确定后在平面中显示三种颜色→点击平面任意位置确定（见图 3-3-40）。

图 3-3-39　通风系统风管风速检查设置

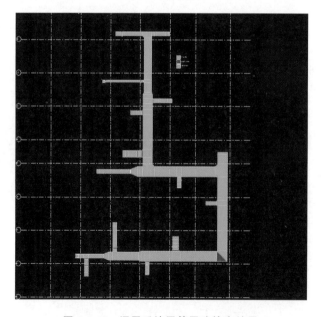

图 3-3-40　通风系统风管风速检查结果

采暖系统

任务 3 采暖系统

1. 管道类型的设置 ▽

在下面的介绍中,主要以地下一层采暖系统为例进行介绍。首先通过看"建校水暖出图板"得到信息:采暖管道采用焊接钢管,管径≤32 mm,采用螺纹连接,管径＞32 mm,采用焊接。须将以上信息设置到管道类别中。点击菜单栏中的"系统"→"管道"会弹出管道属性栏,点击"编辑类型"弹出类别属性状态栏→"复制"将名称改为"采暖供水系统-焊接钢管""采暖回水管-焊接钢管"(见图 3-3-41)→点击布管系统配置栏右侧的"编辑"→将"管段"设置为焊接钢管（见图 3-3-42）→点击"载入族"将本书配套的管件族库载入→将弯头、连接、四通、过渡件、活接头、管帽设置成螺纹、焊接管件(见图 3-3-43)。

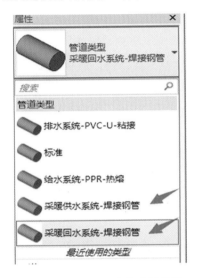

图 3-3-41 采暖系统管道属性栏

图 3-3-42 采暖系统布管系统配置栏(一)

2. 管道系统的设置 ▽

点击右侧项目浏览器→"族"→"管道系统"→"管道系统"→"循环供回水"(见图 3-3-44),右键点击"循环供回水"重命名为"采暖供回系统"。双击"采暖供回系统"弹出类型属性栏→选择"材质"弹出材质浏览器→设置为焊接钢管(见图 3-3-45)→图形替换编辑→颜色→设置为红 0、绿 255、蓝 64,红 255、绿 255、蓝 0→确定(见图 3-3-46)。

图 3-3-43 采暖系统布管系统配置栏(二)

图 3-3-44 采暖系统项目浏览器族系统

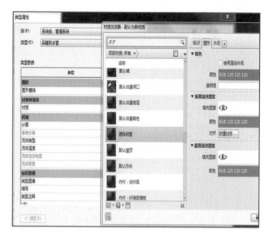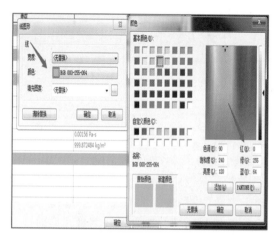

图 3-3-45　采暖系统材质浏览器　　　　　　图 3-3-46　采暖系统线图形

3. 系统过滤器的搭建

VV 快捷键打开"楼层平面：半地下采暖平面图的可见性/图形替换"菜单栏，点击"过滤器"→"编辑/新建"→在左侧过滤器栏新建→将过滤器名称设置为"采暖供水系统"→确认→在过滤器列表栏中选中管道、管件、管道附件→过滤条件，过滤条件中的系统类型为采暖供水系统（见图 3-3-47）。根据上述方法结合图纸将采暖回水系统创建完成。

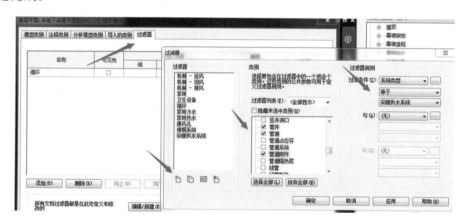

图 3-3-47　采暖系统过滤器设置

4. 链接图纸与基点调整

1）链接图纸

点击菜单栏的"插入"→链接 CAD→将拆分好的"半地下室采暖平面图"图纸选中，导入单位设置为毫米，定位选择自动，仅当前视图前面打钩（见图 3-3-48），点击打开。

单击鼠标右键，选择快捷菜单中的"缩放匹配"，选中链接进来的 CAD，单击，解锁，对齐之前复制好的轴网，将图纸与轴网都锁定（见图 3-3-49）。

2）基点调整

点击切换至首层给水排水平面图→VV 快捷键打开"楼层平面：一层给水排水平面图的可见性/图形替换"菜单栏→"场地"→勾选"项目基点"（见图 3-3-22）→确定→点击平面上项目基点"修改点剪切状态"→将基点移动至轴网 A 与 1 的交点处。

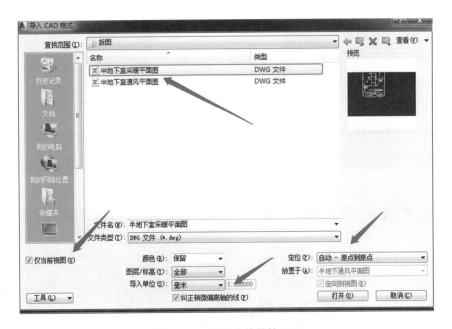

图 3-3-48　采暖系统链接 CAD

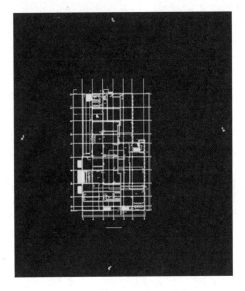

图 3-3-49　采暖系统链接成果图

5. 管道绘制

1) 水平管道绘制

以采暖平面图中 4～5 轴入户采暖供水管为绘制对象，点击"系统"选项卡中的"管道"命令→弹出放置管道命令，须根据平面图与系统图设置偏移量（管道的标高）、系统类别（管道类别）、直径（管道直径）（见图 3-3-50）→以图纸为参照点击管道，点击起点，拖拽至终点，绘制完成。管道不可见时需将左侧属性栏中视图范围底与视图深度栏设置为－4500（大于管线标高）（见图 3-3-51），将软件下方的精细程度与视觉样式分别设置为精细与着色。

采暖管道一般具有坡度，根据图纸可以得到采暖管道的坡度为 2‰，选中绘制完成的管道→点击上方选项卡中的"坡度"命令→设置坡度值为 2‰（见图 3-3-52）→点击完成。如需调整坡度方向，在平面中点击蓝色的坡度方向符号（见图 3-3-53）。

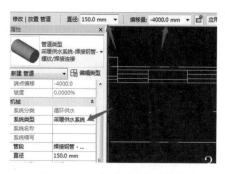

图 3-3-50　采暖系统管道配置

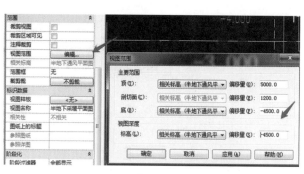

图 3-3-51　采暖系统视图范围设置

图 3-3-52　采暖管道坡度设置

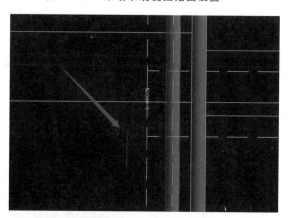

图 3-3-53　采暖管道坡度方向符

2）垂直管道绘制

以入户室外管道（-4.000）与室内管道（1000）连接处的立管为例，绘制立管。根据图纸将室内外管道绘制完成→在平面中选中管道→将室外管道的拖拽点拖拽到室内管线中心线（出现紫色圆形符号）（见图 3-3-54）→立管生成（见图 3-3-55）。

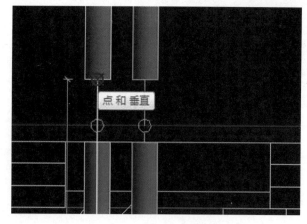

图 3-3-54　室外管道拖拽点

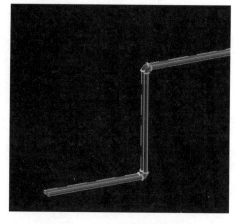

图 3-3-55　采暖管道立管生成

6. 采暖设备

Revit 本身卫浴设备族库较少，所以我们需使用鸿业机电插件进行采暖设备设计，点击选项卡中的采暖系统命令→根据图纸设置出水口位置、散热器型号、散热器标高（见图 3-3-56）→选择自由布置→设置片数→在平面图中点击放置。

选中散热器→点击上方选项卡的"连接到"（见图 3-3-57）→选择连接件，点击对应立管→连接完成（见图 3-3-58）。

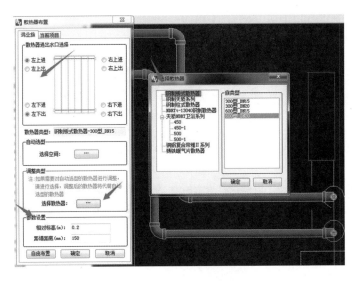

图 3-3-56　散热器布置设置

图 3-3-57　采暖管道"连接到"设置

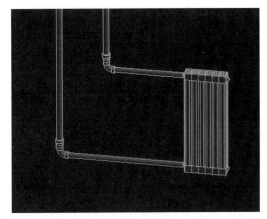

图 3-3-58　采暖管道连接完成

7.暖管阀件

由于 Revit 本身阀件族较少,我们通过鸿业机电插件进行阀门放置。点击选项卡的"水系统"→水管阀件(可通过名称列表、三维列表及关键字搜索来查找相应暖阀)→根据图纸找到对应的阀→点击"布置"按钮,在视图中布置相应暖阀。采暖管道阀门布置种类如图 3-3-59 所示。采暖管道上布置阀件后的效果如图 3-3-60 所示。

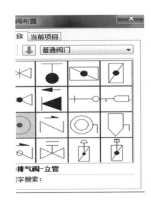

图 3-3-59　采暖管道阀门布置种类

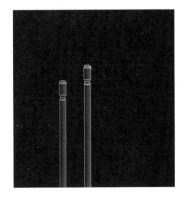

图 3-3-60　采暖管道上布置阀件后的效果

項 目 **4**

食堂电气模型的搭建

本项目介绍 Revit MEP 2016 电气专业软件，电气专业软件主要包括强电、弱电、消防电三个模块。强电、弱电模块提供了便捷的桥架布置和线管绘制模块，并且提供了快速连接电线与桥架的功能；消防电模块提供了应急设备快速布置功能。

通过本项目 Revit MEP 2016 的学习，可掌握以下技能：

(1)电气桥架与线槽的设置与放置；

(2)电气设备的设置与放置；

(3)照明灯具的放置；

(4)开关插座的放置。

任务 **1** 单元准备

○ ○ ○

单元准备

现代人类的生产、生活和科研活动一刻也离不开电气设备，简单来说就是离不开电。可见电气工程已成为现代科技领域的核心学科之一，更是当今高新技术领域不可或缺的关键学科，与国家振兴发展密切相关。

本任务将通过案例"食堂电气设计"来介绍电气专业在 Revit 中建模的方法，并讲解设置电系统的各种属性的方法，使读者了解电气系统的概念和基础知识，学会在 Revit 中建模的方法。

1.图纸拆块与处理 ▽

图 3-4-1　写块状态栏

通过 CAD 打开电气图纸.dwg 文件，框选→"半地下室配电平面""半地下室照明平面""半地下室弱电平面""半地下室火灾报警及消防联动控制平面图"→点击"W 键"会出现写块状态栏（见图 3-4-1）。

点击"插入单位"，单位设置为毫米，点击"文件名和路径"后的蓝色操作点设置相应的路径（见图 3-4-2）。根据拆图方式将设备所有专业图纸按层进行拆分，接下来需对图纸进行处理。

点击软件左上角的"A"→点击"图形使用工具"→"清理"（见图 3-4-3）。根据实际情况选择未使用的项目，如无须设置直接点击"全部清理"→"清理此项目"（见图 3-4-4）。

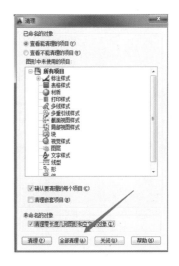

图 3-4-2 单位与路径设置　　　图 3-4-3 "选项"选项卡　　　图 3-4-4 "清理"选项卡

2. 样板文件创建

点击"应用程序菜单"按钮→"新建"→"项目",打开"新建项目"对话框(见图 3-4-5)。

图 3-4-5 "新建项目"选项卡

点击"管理"选项卡→"项目参数"→"添加"(见图 3-4-6),在参数数据"名称"位置输入"视图分类-父"→"规程"设置为公共→"参数类型"设置为文字→"参数分组方式"设置为图形→在右侧"类别"中找到视图勾选→确定(见图 3-4-7)。用同样的步骤将"视图分类-子"创建出来。

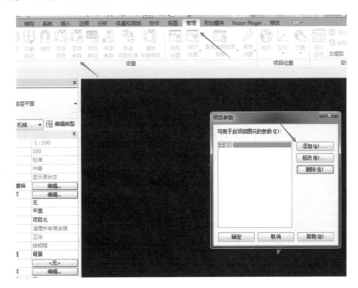

图 3-4-6 "项目参数"选项卡

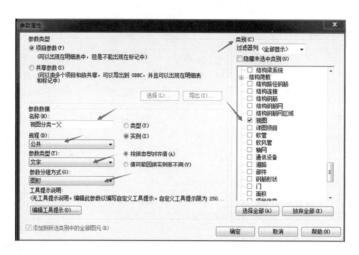

图 3-4-7　项目参数属性设置

　　点击"视图"选项卡→"用户界面"→"浏览器组织"（见图 3-4-8），在"浏览器组织"对话框中，点击"新建"→创建一个名称为"4 号食堂电气"的文件（见图 3-4-9）。

图 3-4-8　浏览器组织　　　　　　　　　　　　　图 3-4-9　浏览器组织设置

　　点击"编辑"，出现"浏览器组织属性"对话框，选择"成组和排序"，"成组条件"选择"视图分类-父"，"否则按"选择"视图分类-子"和"族与类型"。"排序方式"选择"视图名称"，点击"升序"或者"降序"，最后点击"确定"（见图 3-4-10）。

图 3-4-10　浏览器组织属性设置

将父规程与子规程分别设置为电气系统,强电、弱电、消防电系统。电气系统项目浏览器的最终成果如图 3-4-11 所示。

3. 标高与轴网绘制

1)标高复制

将建筑模型链接到项目文件中。点击功能区的"插入"→"链接 Revit",打开"导入/链接 RVT"对话框,选择要链接的建筑模型"ZDSC-Z-A.rvt",并在"定位"一栏中选择"自动原点到原点",点击右下角的"打开",点击右侧项目浏览器中建筑立面中的"东-给排",这样建筑模型就成功链接到了项目文件中,如图 3-4-12 所示。完成链接后,单元中存在两类标高,一类是链接的建筑模型标高,另一类是 4 号食堂电气样板自带的标高。可以通过复制监视的方法实现链接。

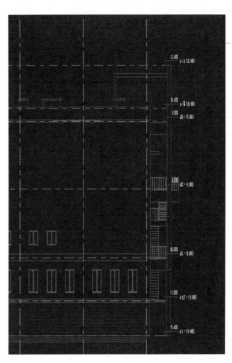

图 3-4-11　电气系统项目浏览器最终成果　　　　图 3-4-12　电气立面

点击功能区的"协作"→"复制/监视"→"选择链接"(见图 3-4-13)。

图 3-4-13　选择链接

在绘图区域点击链接模型,激活"复制/监视"选项卡,点击"复制"激活"复制/监视"选项栏(见图 3-4-14)。

2)创建平面视图

创建与建筑模型标高对应的平面视图,其具体操作步骤如下:

(1)复制标高后,点击功能区的"视图"→"平面视图"→"楼层平面",打开"新建楼层平面"对话框。

图 3-4-14　复制/监视

（2）在列表中选择一个或多个标高，然后点击"确定"。平面视图名称将显示在单元浏览器中（见图 3-4-15），其他类型的平面视图的创建步骤和上述步骤类似。为了和模板中的视图名称保持一致，所以修改刚才创建好的平面视图名称为"强电平面图"，以地下一层为例，修改视图名称为"地下一层强电平面图""地下一层弱电平面图""地下一层消防电平面图"。同时修改楼层平面属性"视图分类-父"为"电气"，"视图分类-子"为"弱电系统"（见图 3-4-16）。

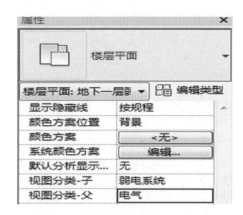

图 3-4-15　平面视图

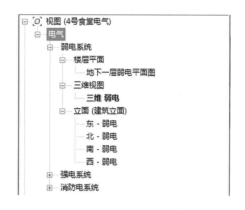

图 3-4-16　视图分类

3）轴网复制

在"楼层平面"中选中"首层强电系统平面图"进入平面视图，点击"协作"选项卡→"复制/监视"→"选择链接"选中链接模型→"复制"单选每个轴网→"完成"，创建完成。

任务2　强电系统

强电系统

1. 桥架类型的设置

点击"插入"选项卡中的"载入族"→机电→供配电→配电设备→电缆桥架配件→选中所有槽式开头的族，打开（创建样板桥架中配件为无，所以需要载入配件族）（见图 3-4-17），点击"系统"选项卡中的"电气桥架"→在属性栏中点击编辑类型→将管件中的所有配件进行关联（见图 3-4-18）。

2. 桥架系统的设置

点击电缆桥架→编辑类型→复制→名称设置为"强电桥架"→在属性栏中的"设备类型"处输入强电系统（见图 3-4-19）。

图 3-4-17 强电系统载入族

图 3-4-18 强电系统桥架配件关联

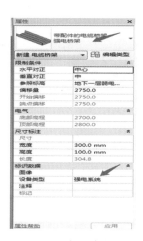

图 3-4-19 强电系统属性设置

3. 系统过滤器的搭建

VV 快捷键打开"楼层平面:地下一层强电平面图的可见性/图形替换"菜单栏,点击"过滤器"→"编辑/新建"→在左侧过滤器栏新建→将过滤器名称设置为"强电桥架"→确认→在过滤器列表栏中选中电缆桥架、电缆桥架配件→过滤条件,过滤条件中的类型名称为强电桥架(见图 3-4-20)。在添加过滤器中选择"强电桥架"→选中过滤器填充图案→颜色设置为 255-128-0→填充图案设置为实体填充(见图 3-4-21)。

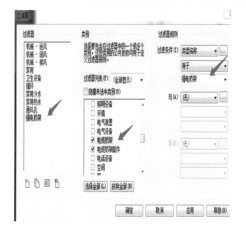

图 3-4-20 强电系统过滤器设置

图 3-4-21　强电系统过滤器填充样式设置

4. 链接图纸与基点调整

1）链接图纸

点击菜单栏的"插入"→链接 CAD→分别将拆分好的"半地下室配电平面图""半地下室照明平面图"图纸选中，导入单位设置为毫米，定位选择自动，仅当前视图前面打钩（见图 3-4-22），点击打开。

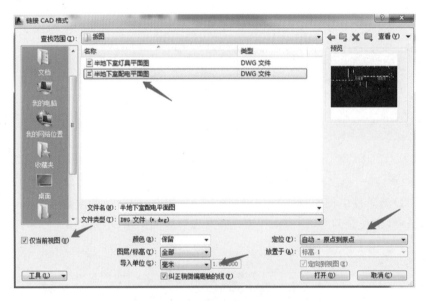

图 3-4-22　强电系统链接 CAD

单击鼠标右键，选择快捷菜单中的"缩放匹配"，选中链接进来的 CAD，单击，解锁，对齐之前复制好的轴网，将图纸与轴网都锁定（见图 3-4-23）。

2）基点调整

点击切换至首层给水排水平面图→VV 快捷键打开"楼层平面：一层给水排水平面图的可见性/图形替换"菜单栏→"场地"→勾选"项目基点"（见图 3-4-24）→确定→点击平面上项目基点"修改点剪切状态"→将基点移动至轴网 A 与 1 的交点处。

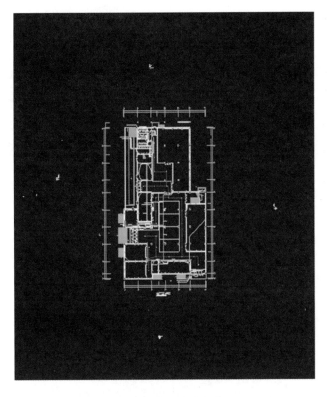

图 3-4-23　强电系统链接成果图

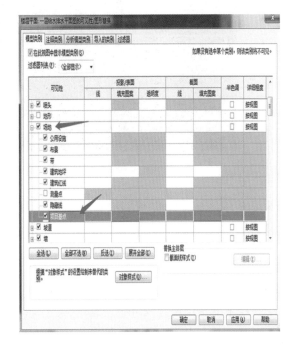

图 3-4-24　基点设置

5. 桥架绘制

以半地下室配电平面图中的强电桥架为绘制对象,点击"系统"选项卡中的"电缆桥架"命令→弹出放置桥架命令,须根据平面图设置偏移量(桥架的标高)、系统类别(桥架类别)、尺寸(桥架长宽)(见图 3-4-25)→以图纸为参照点击桥架,点击起点,拖拽至终点,绘制完成。管道不可见时需将左侧属性栏中视图范围顶与剖切面栏设置为 5000(大于管线标高)(见图 3-4-26),将软件下方的精细程度与视觉样式分别设置精细与着色。

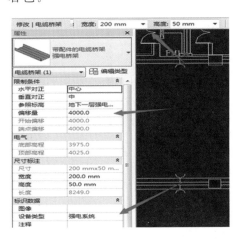

图 3-4-25　强电系统桥架配置

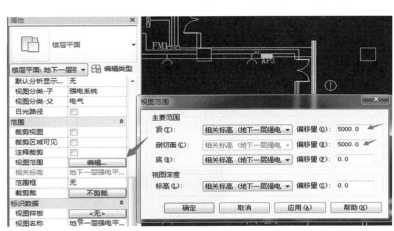

图 3-4-26　强电系统视图范围设置

如遇三通位置可右键点击绘制好的桥架→选择类似实例(根据具体尺寸设置),左侧属性栏出现线槽类型,光标变为十字→用鼠标左键点击三通交点处(见图 3-4-27),移动鼠标向上拖拽,确定→点击弯头,弯头左侧出现"＋"号,点击"＋"号可生成三通(见图 3-4-28)。

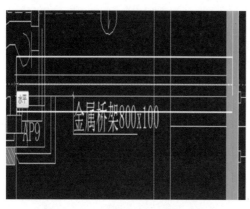

图 3-4-27 强电系统三通交界处

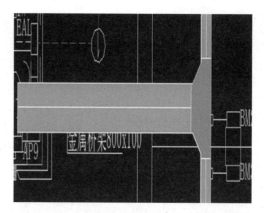

图 3-4-28 强电系统三通绘制

6. 强电电气设备 ▼

1）配电箱绘制

Revit 本身电气设备族库较少，所以我们需使用鸿业机电插件进行电气设备设计，我们以半地下室配电平面图中的 AP-2 动力配电箱为例，墙内暗设、底距离地面 1.5 m，尺寸为 600×600×180→点击选项卡中的"强电"→配电箱→找到动力配电箱，将设备编号设置为 AP-2，将安装高度设置为 1.5（见图 3-4-29），双击动力配电箱图标→在平面图中出现配电箱轮廓（如果配电箱方向不对，按键盘的空格键调整）→调整好之后点击放置→选中平面图中的配电箱→将配电箱尺寸修改为 600×600×180（见图 3-4-30）。

强电系统配电箱放置效果如图 3-4-31 所示。

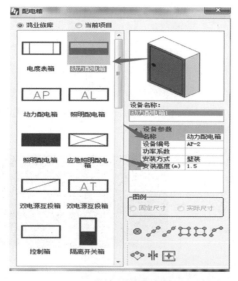

图 3-4-29 强电系统配电箱配置菜单栏

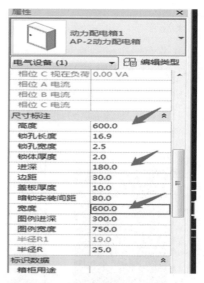

图 3-4-30 强电系统配电箱参数设置

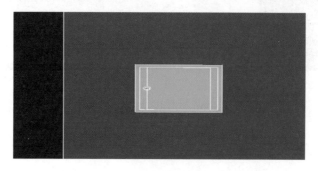

图 3-4-31 强电系统配电箱放置效果

2)插座绘制

我们以半地下室配电平面图中的安全型单相二加三极暗插座为例,墙内暗设、底距离地面0.3 m,型号为250V.10 A→点击选项卡中的"强电"→插座→找到插座,将设备编号设置为安全型单相二加三极暗插座,将安装高度设置为0.3,将额定电流设置为10(见图3-4-32),双击插座图标→在平面图中出现插座轮廓(如果插座方向不对,按键盘的空格键调整)→调整好之后点击放置。

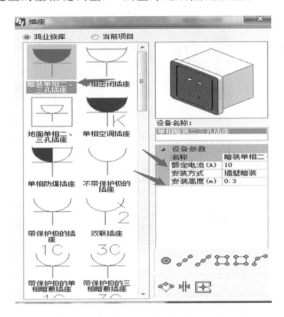

图3-4-32 强电系统插座配置菜单栏及插座放置效果

3)开关绘制

我们以半地下室照明平面图中的三位翘板式暗开关为例,墙内暗设、底距离地面1.3 m,型号为250 V.10 A→VV 快捷键打开"楼层平面:半地下室强电平面的可见性/图形替换"→导入类别,将配电平面图的"√"号点掉(见图3-4-33),将照明图的"√"号点亮,点击选项卡中的"强电"→开关→找到开关,将设备编号设置为三位翘板式暗开关,将安装高度设置为1.3(见图3-4-34),双击开关图标→在平面图中出现开关轮廓(如果开关方向不对,按键盘的空格键调整)→调整好之后点击放置。

图3-4-33 强电系统导入类别图纸调整

4)灯具绘制

我们以半地下室照明平面图中的电子节能格栅灯为例,吊顶内镶入安装、型号为220 V.2×36 W→点击选项卡中的"强电"→灯具→找到灯具,将安装高度设置为3.8,光源功率设置为36(见图3-4-35),双击灯具图标→在平面图中出现灯具轮廓(如果灯具方向不对,按键盘的空格键调整)→调整好之后点击放置。

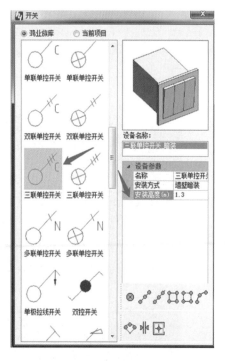
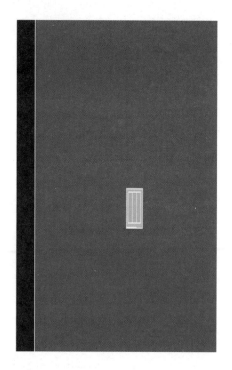

图 3-4-34 强电系统开关配置菜单栏及开关放置效果

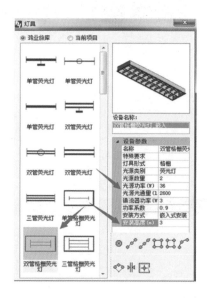
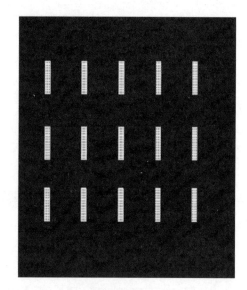

图 3-4-35 强电系统灯具配置菜单栏及灯具放置效果

任务3 弱电系统

弱电系统

1. 线槽类型的设置

点击电缆桥架→编辑类型→复制→名称设置为"弱电线槽"→在属性栏中的"设备类型"处输入弱电系统（见图 3-4-36）。

2.系统过滤器的搭建 ▼

VV快捷键打开"楼层平面:地下室弱电平面图的可见性/图形替换"菜单栏,点击"过滤器"→"编辑/新建"→在左侧过滤器栏新建→将过滤器名称设置为"弱电线槽"→确认→在过滤器列表栏中选中电缆桥架、电缆桥架配件→过滤条件,过滤条件中的类型名称为弱电线槽(见图3-4-37)。在添加过滤器中选择"弱电线槽"→选中过滤器填充图案→颜色设置为蓝色→填充图案设置为实体填充(见图3-4-38)。

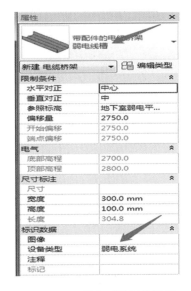

图3-4-36 弱电系统属性设置

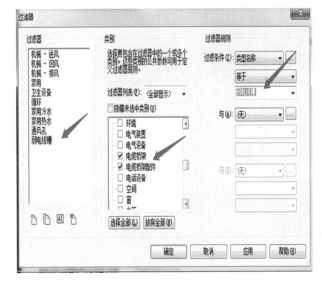

图3-4-37 弱电系统过滤器设置

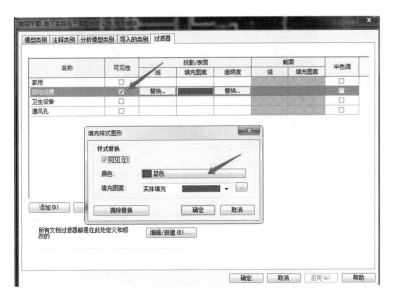

图3-4-38 弱电系统过滤器填充样式设置

3.链接图纸与基点调整 ▼

1)链接图纸

点击菜单栏的"插入"→链接CAD→分别将拆分好的"半地下室弱电平面图"图纸选中,导入单位设置为毫米,定位选择自动,仅当前视图前面打钩,(见图3-4-39),点击打开。

单击鼠标右键,选择快捷菜单中的"缩放匹配",选中链接进来的CAD,单击,解锁,对齐之前复制好的轴网,将图纸与轴网都锁定(见图3-4-40)。

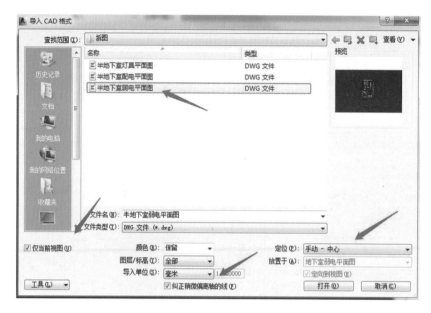

图 3-4-39　弱电系统链接 CAD

2）基点调整

点击切换至首层给水排水平面图→VV 快捷键打开"楼层平面：一层给水排水平面图的可见性/图形替换"菜单栏→"场地"→勾选"项目基点"（见图 3-4-24）→确定→点击平面上项目基点"修改点剪切状态"→将基点移动至轴网 A 与 1 的交点处。

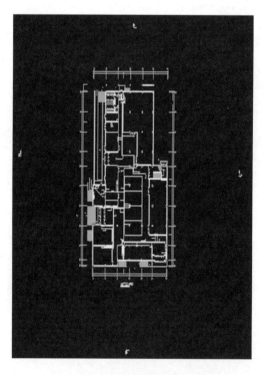

图 3-4-40　弱电系统链接成果图

4. 线槽绘制

以半地下室弱电平面图中的弱电线槽为绘制对象，点击"系统"选项卡中的"电缆桥架"命令→弹出放置线槽命令，须根据平面图设置偏移量（线槽的标高）、系统类别（线槽类别）、尺寸（线槽长宽）（见图 3-4-41）→以图纸为参照点击桥架,点击起点,拖拽至终点,绘制完成。管道不可见时需将左侧属性栏中视图范围顶与剖切面栏设置为5000(大于管线标高),将软件下方的精细程度与视觉样式分别设置为精细与着色。

图 3-4-41 弱电系统线槽配置

如遇三通位置可右键点击绘制好的线槽→选择类似实例(根据具体尺寸设置),左侧属性栏出线槽类型,光标变为十字→用鼠标左键点击三通交点处(见图 3-4-42),移动鼠标向上拖拽,确定→点击弯头,弯头左侧出现"+"号,点击"+"号可生成三通(见图 3-4-43)。

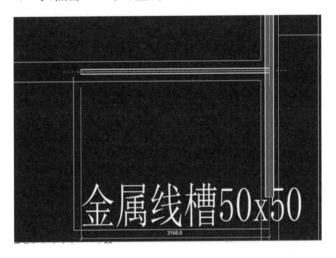

图 3-4-42 弱电系统三通交界处

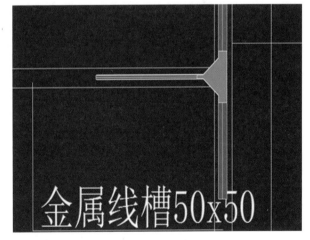

图 3-4-43 弱电系统三通绘制

5. 弱电电气设备

Revit 本身电气设备族库较少,所以我们需使用鸿业机电插件进行电气设备设计,我们以半地下室弱电平面图中的不带云台摄像机为例,室内吊顶下吊装、底距离地面3.0 m,→点击选项卡中的"弱电"→安装→找到彩色摄像机,将安装高度设置为3(见图 3-4-44),双击彩色摄像机图标→在平面图中出现摄像机轮廓(如果摄像机方向不对,按键盘的空格键调整)→调整好之后点击放置(见图 3-4-45)。

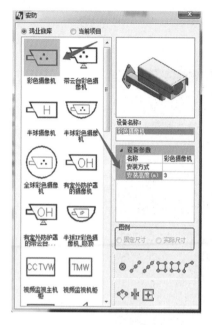

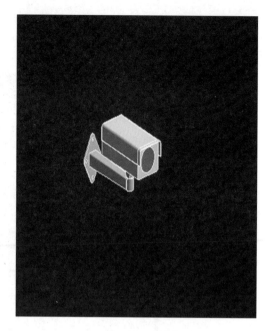

图 3-4-44　弱电系统摄像机配置菜单栏　　　　图 3-4-45　弱电系统摄像机放置效果

食堂的工程量统计

工程量统计是通过明细表功能实现的,明细表是 Revit MEP 软件的重要组成部分。通过定制明细表,用户可以从所创建的 Revit MEP 模型(建筑信息模型)中获取单元应用中所需要的各类单元信息,并用表格形式直观地表达。本项目将讲述如何用明细表来统计工程量。

食堂的工程量统计

任务 1 创建实例明细表

(1)单击"分析"选项卡→"报表和明细表"→"明细表/数量",选择要统计的构件类别,例如风管,设置明细表名称及明细表阶段,单击"确定"按钮,如图 3-5-1 所示。

(2)在弹出的"明细表属性"对话框中,在"字段"选项卡中,从"可用的字段"列表框中选择要统计的字段,如族与类型、长度等,然后单击"添加"按钮,将所选字段移动到"明细表字段"列表框中,"上移""下移"按钮用于调整字段顺序,如图 3-5-2 所示。

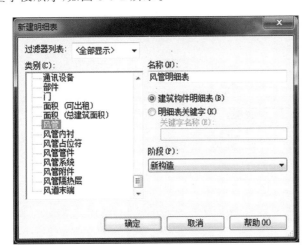

图 3-5-1 新建明细表

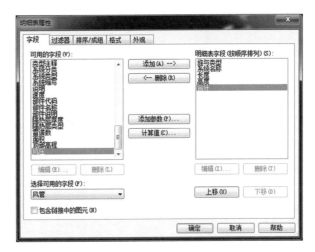

图 3-5-2 明细表属性的设置

(3)在"过滤器"选项卡中,设置过滤器可以统计部分构件,不设置则统计全部构件,在这里以不设置过滤器为例,如图 3-5-3 所示。

(4)在"排序/成组"选项卡中,设置排序方式,可供选择的有"总计""逐项列举每个实例"。勾选"总计"复选框,在其下拉列表中有 4 种总计的方式。勾选"逐项列举每个实例"复选框,则在明细表中统计每一项,如图 3-5-4 所示。

图 3-5-3 "过滤器"选项卡　　　　　　　　图 3-5-4 统计明细表的设置

（5）在"格式"选项卡中，设置字段在表格中的标题名称（字段和标题名称可以不同，如类型可修改为窗编号）、标题方向、对齐方式，需要时勾选"计算总数"复选框，统计此项参数的总数，如图 3-5-5 所示。

（6）在"外观"选项卡中，设置表格线宽、标题和正文、标题文本文字的字体与字号，单击"确定"按钮，如图 3-5-6 所示。

图 3-5-5 参数总数的设置　　　　　　　　图 3-5-6 选项卡设置

风管明细表如图 3-5-7 所示。

图 3-5-7 风管明细表

使用类似的方法创建机电设备明细表、风管管件明细表和管道明细表，如图 3-5-8 至图 3-5-10 所示。

<机电设备明细表1>	
A	B
族与类型	合计
卫生间排风扇:	1
卫生间排风扇:	1
卫生间排风扇:	1
卫生间排风扇:	1
卫生间排风扇:	1
卫生间排风扇:	1
卫生间排风扇:	1
卫生间排风扇:	1
卫生间排风扇:	1
卫生间排风扇:	1
轴流式风机+--+	1

图 3-5-8　机电设备明细表

<风管管件明细表>			
A	B	C	D
族	类型	系统类型	尺寸
天方地圆 - 角	5	送风系统	900x900-900ø
矩形变径管 -	45 度	送风系统	2500x400-2000x3
矩形变径管 -	45 度	送风系统	2500x400-2000x3
矩形变径管 -	65度	送风系统	2000x320-1000x3
矩形变径管 -	90度	送风系统	2500x400-1000x2
矩形弯头 - 法	标准	送风系统	2500x400-2500x4
矩形弯头 - 法	标准	送风系统	2500x400-2500x4
圆形弯头 - 弧	自带保温的玻类	送风系统	160ø-160ø
圆形弯头 - 弧	自带保温的玻类	送风系统	160ø-160ø
圆形弯头 - 弧	自带保温的玻类	送风系统	160ø-160ø
圆形 T 形三通	自带保温的玻类	送风系统	160ø-160ø-160ø
圆形 T 形三通	自带保温的玻类	送风系统	160ø-160ø-160ø
圆形 T 形三通	自带保温的玻类	送风系统	160ø-160ø-160ø
圆形 T 形三通	自带保温的玻类	送风系统	160ø-160ø-160ø
圆形 T 形三通	自带保温的玻类	送风系统	160ø-160ø-160ø
圆形 T 形三通	自带保温的玻类	送风系统	160ø-160ø-160ø
天方地圆 - 角	自带保温的玻类	送风系统	160x160-160ø
天方地圆 - 角	自带保温的玻类	送风系统	160x160-160ø
天方地圆 - 角	自带保温的玻类	送风系统	160x160-160ø
天方地圆 - 角	自带保温的玻类	送风系统	160x160-160ø
天方地圆 - 角	自带保温的玻类	送风系统	800x800-800ø
天方地圆 - 角	自带保温的玻类	送风系统	800x800-800ø
天方地圆 - 角	自带保温的玻类	送风系统	900x900-900ø
矩形 T 形三通	镀锌钢板	送风系统	250x500-250x500
矩形 T 形三通	镀锌钢板	送风系统	250x1000-250x10
矩形 T 形三通	镀锌钢板	送风系统	250x1000-250x10
矩形 T 形三通	镀锌钢板	送风系统	250x1000-250x10
矩形 T 形三通	镀锌钢板	送风系统	320x1000-320x10
矩形 T 形三通	镀锌钢板	送风系统	650x650-320x100
矩形 T 形三通	镀锌钢板	送风系统	650x650-320x100
矩形 T 形三通	镀锌钢板	送风系统	650x650-320x100
矩形 T 形三通	镀锌钢板	送风系统	650x650-320x100

图 3-5-9　风管管件明细表

<管道明细表>				
A	B	C	D	E
族与类型	类型	系统类型	尺寸	长度
管道类型: 150	150	采暖供水系统	150 mm	4560
管道类型: 150	150	采暖供水系统	150 mm	547
管道类型: 150	150	采暖供水系统	150 mm	2850
管道类型: 125	125	采暖供水系统	125 mm	1625
管道类型: 125	125	采暖供水系统	125 mm	5009
管道类型: 100	100	采暖供水系统	100 mm	799
管道类型: 100	100	采暖供水系统	100 mm	1638
管道类型: 100	100	采暖供水系统	100 mm	35
管道类型: 80	80	采暖供水系统	80 mm	478
管道类型: 65	65	采暖供水系统	65 mm	28
管道类型: 100	100	采暖供水系统	50 mm	159
管道类型: 50	50	采暖供水系统	50 mm	1414
管道类型: 125	125	采暖供水系统	125 mm	5099
管道类型: 25	25	采暖供水系统	25 mm	11956
管道类型: 50	50	采暖供水系统	50 mm	11361
管道类型: 50	50	采暖供水系统	50 mm	1580
管道类型: 25	25	采暖供水系统	25 mm	5213
管道类型: 25	25	采暖供水系统	25 mm	1313
管道类型: 25	25	采暖供水系统	25 mm	5213
管道类型: 25	25	采暖供水系统	25 mm	2166
管道类型: 25	25	采暖供水系统	25 mm	28613
管道类型: 25	25	采暖供水系统	25 mm	17625
管道类型: 25	25	采暖供水系统	25 mm	17628
管道类型: 150	150	采暖供水系统	150 mm	828
管道类型: 50	50	采暖供水系统	50 mm	16879
管道类型: 50	50	采暖供水系统	50 mm	883
管道类型: 150	150	采暖供水系统	150 mm	462
管道类型: 25	25	采暖供水系统	25 mm	13011
管道类型: 25	25	采暖供水系统	25 mm	1385
管道类型: 25	25	采暖供水系统	25 mm	277
管道类型: 50	50	采暖供水系统	50 mm	5085
管道类型: 50	50	采暖供水系统	50 mm	3135
管道类型: 50	50	采暖供水系统	50 mm	3916
管道类型: 50	50	采暖供水系统	50 mm	297

图 3-5-10　管道明细表

任务2　编辑明细表

○　○　○

当明细表需要添加新的字段来统计数据时，可通过标记明细表来实现。在"属性"对话框中单击字段后的"编辑"按钮，弹出"明细表属性"对话框，选择需要的字段，如"宽度"，单击"添加"按钮，然后单击"上移""下移"按钮调整字段的位置，最后单击"确定"按钮，即可完成字段的添加，如图3-5-11所示。此时在明细表添加了"宽度"的参数统计，如图3-5-12所示。

图 3-5-11　字段的添加

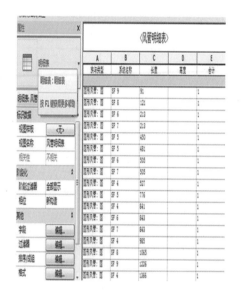

图 3-5-12　"宽度"的参数统计

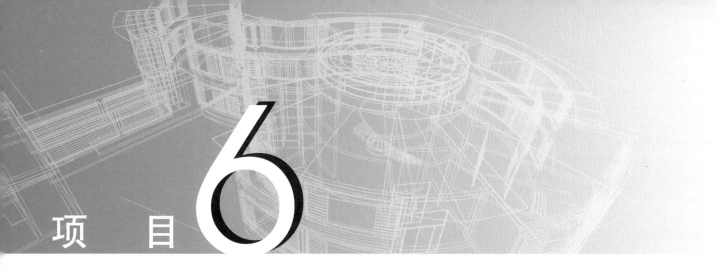

项目 6

Revit MEP的新功能

本项目主要介绍 Revit MEP 的新功能和增强功能。

任务 1　提升了 Revit MEP 在视图中的性能

用于在视图中显示 MEP 图元的基本技术已得到增强,提升了打开和操作涉及大量 MEP 图元的视图时的性能。

任务 2　螺纹风管和管道标记

在此功能增强前,Revit 无法对螺纹风管或其长度方向的不同管道进行数值标记。对于显示为"多个值"的参数,此增强功能将根据标记或其引线的位置来显示实际值。

任务 3　新的压降计算方法

在计算风管和管道的压降时,可以在"机械设置"中指定 Haaland 公式或者 Colebrook 公式。此功能有助于提高某些机械计算的精确度,适用于 Revit MEP 原有公式的变化。

任务 4　改进的学习工具

自定义 Revit 工具提示可以帮助描述和交流参数及其用途,从而帮助提高产品的整体易学性。

任务 5　Electrical API 增强功能

用户和第三方开发人员可以通过 API 创建所有显示在用户界面的导线形状,包括添加和修改导线的属性以及删除顶点。

任务 6　明细表增强功能

○　　○　　○

用户可以在包括图像的 Revit 中创建明细表以传达图元的图形信息，比如照明设备、家具等。

第 4 篇 ▶ ▶ ▶

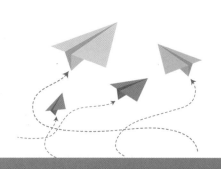

○　○　○　**定制化模型设计**

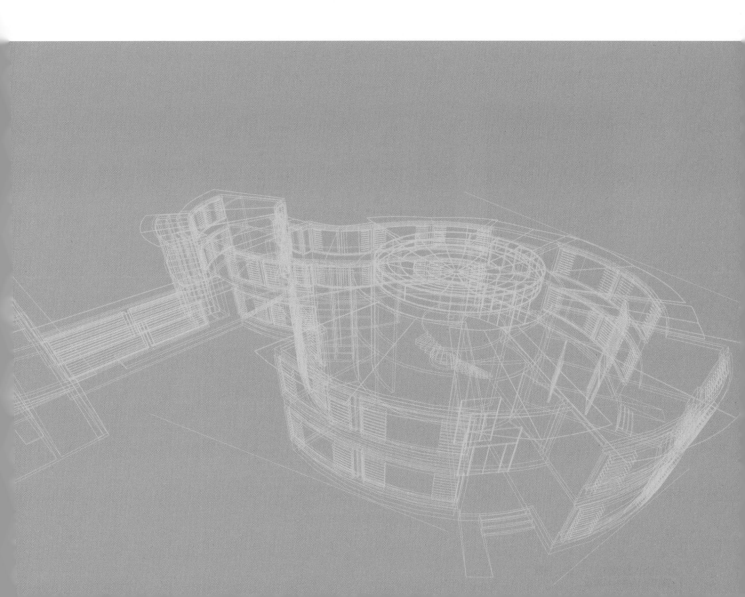

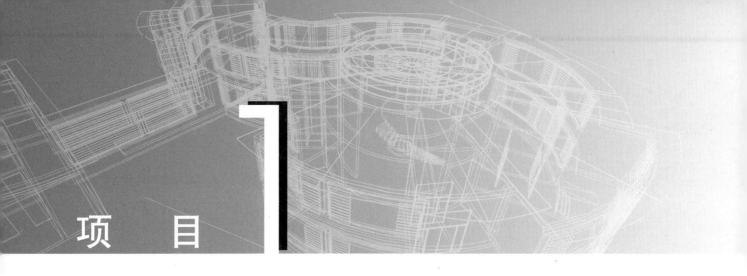

项目 1

族

任务 1　可载入族

在 Revit 中进行建模时,基本的图形单元被称为图元,如墙、门、柱、梁、尺寸标注等都被称为图元,所有这些图元在 Revit 中被称为族。可以说,族是 Revit 的基础。其中,可以单独存为后缀名为".rfa"的文件,就是可载入族。

要创建可载入族,可使用 Revit 中提供的族样板来定义族的几何图形和尺寸。然后可将族保存为单独的 Revit 族文件(.rfa 文件),并载入任何项目。族创建时的难度因构件而异。

回到 Revit 初始启动界面,点击"族"下方的"新建"按钮(见图 4-1-1),在弹出的"新族-选择样板文件"对话框中,可以选择想要创建的族的样板类型,这里我们选择"公制常规模型"(见图 4-1-2)。

图 4-1-1　新建族

图 4-1-2　选择创建的族的样板类型

族的绘制一共有五种命令,分别是拉伸、融合、旋转、放样、放样融合(见图 4-1-3),接下来以案例方式介绍这五种命令的使用方式。

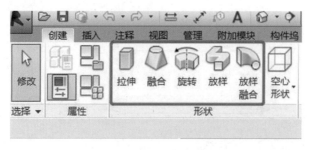

图 4-1-3　绘制族的五种命令

1.拉伸 ▽

按要求及给定尺寸创建如图 4-1-4 所示的螺母模型,螺母孔直径为 20 mm,正六边形边长为 18 mm,各边距孔中心 16 mm,螺母高 20 mm。

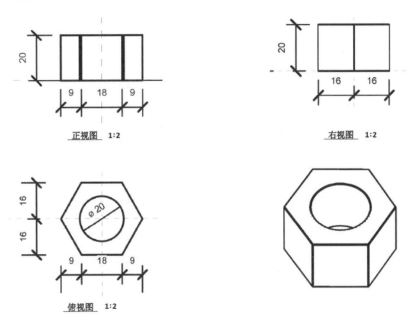

图 4-1-4 螺母模型

(1)点击"创建"选项卡→"形状"面板→"拉伸"命令(见图 4-1-5),选择"外接多边形"命令准备进行绘制(见图 4-1-6)。

图 4-1-5 选择绘制族的命令

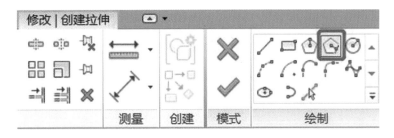

图 4-1-6 "修改|创建拉伸"选项卡"外接多边形"命令

(2)绘制半径为 16 mm 的外接多边形,在中心点点击鼠标左键以确认中心点,向左旋转 50°后输入 16,点击键盘的"Enter"键(回车键)以确认尺寸(见图 4-1-7),选择"圆形"命令(见图 4-1-8),在中心点点击鼠标左键以确认中心点,输入 10,点击键盘的"Enter"键(回车键)以确认尺寸(见图 4-1-9)。

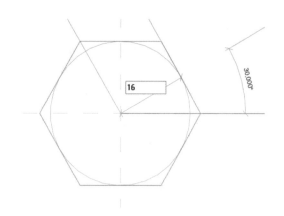

图 4-1-7　绘制外接多边形　　　　　　　　　图 4-1-8　"修改|创建拉伸"选项卡"图形"命令

（3）将"属性"面板的"拉伸终点"修改为 20,以确定螺母高度（见图 4-1-10）。点击"完成编辑模式"按钮（见图 4-1-11）,切换至三维,查看绘制完成后的螺母（见图 4-1-12）,模型以"螺母"为文件名保存。

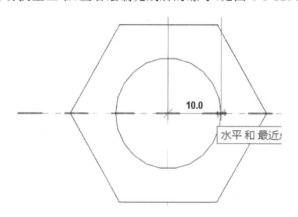

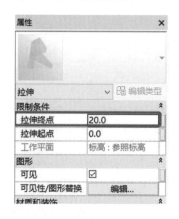

图 4-1-9　绘制圆形并确认尺寸　　　　　　　图 4-1-10　"属性"面板"拉伸终点"值

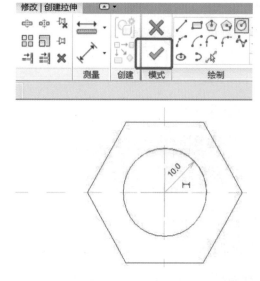

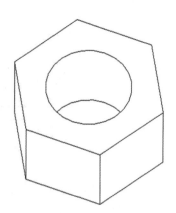

图 4-1-11　"修改|创建拉伸"选项卡"完成编辑模式"按钮　　　图 4-1-12　三维螺母图

2. 融合

按照给出的俯视图、左视图及右视图的尺寸,绘制模型,如图 4-1-13 所示。

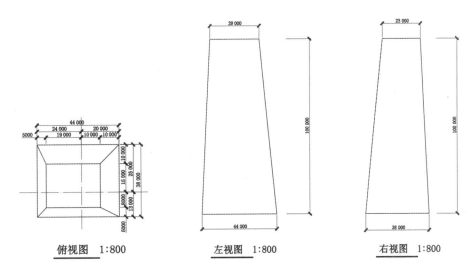

俸视图 1:800   左视图 1:800   右视图 1:800

图 4-1-13 模型俯视图、左视图和右视图

(1)点击"创建"选项卡→"形状"面板→"融合"命令(见图 4-1-14),点击"修改|创建融合底部边界"上下文选项卡→"绘制"面板→"直线"命令以绘制模型的底部形状(见图 4-1-15)。

图 4-1-14 "创建"选项卡"融合"命令

图 4-1-15 "修改|创建融合底部边界"上下文选项卡"直线"命令

(2)以中心为起点绘制长为 44 000、宽为 38 000 的矩形,随后点击"模式"面板→"编辑顶部"命令(见图 4-1-16)。

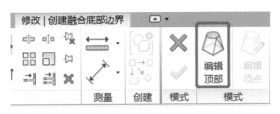

图 4-1-16 "编辑顶部"命令

(3)选择"绘制"面板的"拾取线"命令(见图 4-1-17)。将选项栏偏移量改为 10 000,分别拾取上方及右侧两条边(见图 4-1-18);将选项栏偏移量改为 5000,分别拾取左侧及下方两条边(见图 4-1-19)。

图 4-1-17　"拾取线"命令

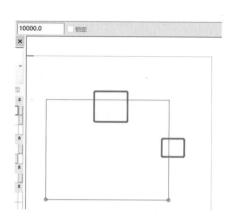

图 4-1-18　修改上方及右侧偏移量

(4)将左侧"属性"面板的"第二端点"改为 100 000(见图 4-1-20),点击"修改|创建融合顶部边界"上下文选项卡→"模式"面板→"完成编辑模式"按钮(见图 4-1-21),绘制完成后,切换至三维视图(见图 4-1-22),模型以"构件"为文件名保存。

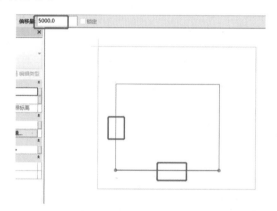

图 4-1-19　修改左侧及下方偏移量

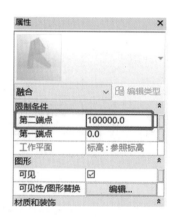

图 4-1-20　修改"属性"面板"第二端点"值

图 4-1-21　"修改|创建融合顶部边界"上下文选项卡"完成编辑模式"按钮

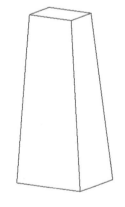

图 4-1-22　构件三维图

3.旋转

按俯视图及立面图对模型进行绘制,如图 4-1-23 所示。

(1)点击"创建"选项卡→"形状"面板→"旋转"命令(见图 4-1-24),由于只有在立面图能够看到模型形状,所以需要切换至立面图进行绘制,但直接切换至立面时,软件默认不可以绘制,这里有两种方式:①在立面图选择命令;②在平面图选择命令后通过拾取切换至立面图。以下按照在平面选择命令进行绘制。

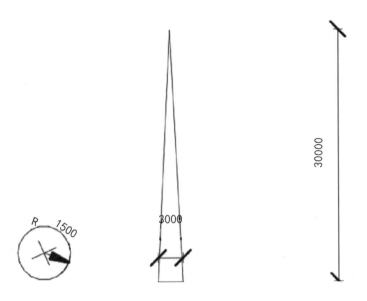

图 4-1-23　模型俯视图及立面图

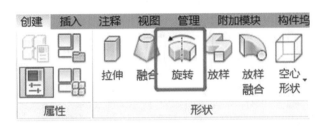

图 4-1-24　"创建"选项卡"旋转"命令

（2）点击"修改|创建旋转"上下文选项卡→"工作平面"面板→"设置"命令（见图 4-1-25），在弹出的"工作平面"对话框中选择"拾取一个平面"，点击"确定"（见图 4-1-26），随后选择水平方向的参照平面（见图 4-1-27），在弹出的"转到视图"对话框中，选择"立面：前"，点击"打开视图"（见图 4-1-28）。

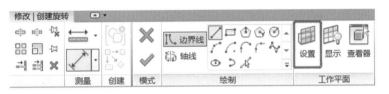

图 4-1-25　"修改|创建旋转"上下文选项卡"设置"命令

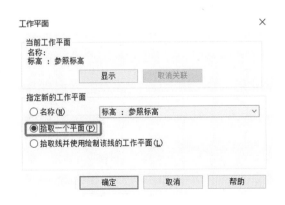

图 4-1-26　工作平面设置

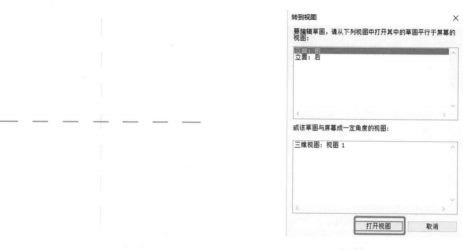

图 4-1-27　选择水平方向的参照平面　　　　图 4-1-28　旋转的"转到视图"对话框

（3）在"修改|创建旋转"上下文选项卡的"绘制"面板选择"直线"命令（见图 4-1-29），已知圆锥半径为 1500，高度为 30 000，绘制立面轮廓，首先在底部绘制长度为 1500 的直线（见图 4-1-30），随后沿垂直方向绘制高度为 30 000 的直线（见图 4-1-31），将两条线的端点进行连接，完成轮廓绘制（见图 4-1-32）。

图 4-1-29　"修改|创建旋转"上下文选项卡"直线"命令

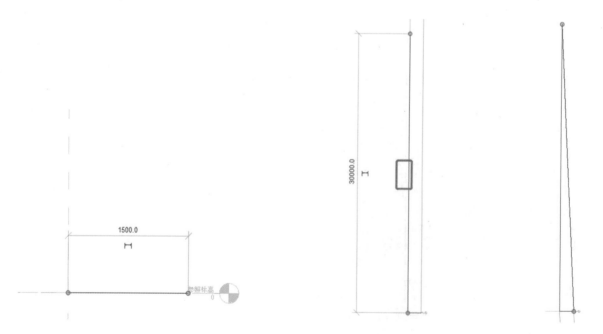

图 4-1-30　在底部绘制直线　　　　图 4-1-31　沿垂直方向绘制直线　　　　图 4-1-32　连接两条线的端点

（4）点击"修改|创建旋转"上下文选项卡→"绘制"面板→"轴线"中的"直线"命令（见图 4-1-33），沿垂直方向绘制一条轴线（见图 4-1-34），完成后点击"完成编辑模式"按钮（见图 4-1-35），完成绘制，切换至三维视图（见图 4-1-36），模型以"圆锥"为文件名保存。

图 4-1-33 "修改|创建旋转"上下文选项卡"轴线"中的"直线"命令

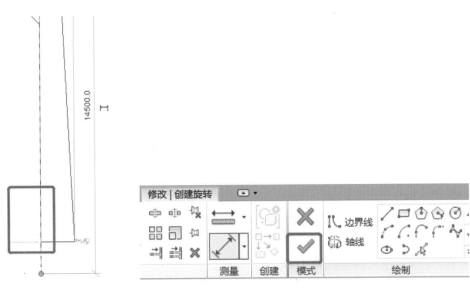

图 4-1-34 沿垂直方向绘制一条轴线

图 4-1-35 "修改|创建旋转"上下文选项卡"完成编辑模式"按钮

图 4-1-36 圆锥三维视图

4. 放样

根据轮廓及路径,绘制模型,如图 4-1-37 所示。

(1)点击"创建"选项卡→"形状"面板→"放样"命令(见图 4-1-38),点击"修改|放样"上下文选项卡→"放样"面板→"绘制路径"命令(见图 4-1-39),点击"绘制"面板→"直线"命令(见图 4-1-40)。

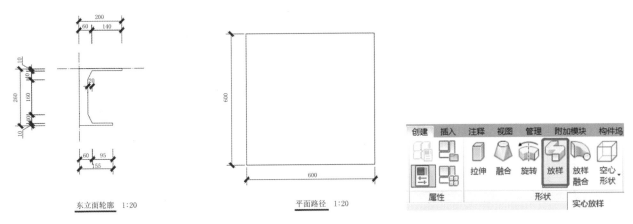

图 4-1-37 模型东立面轮廓及平面路径

图 4-1-38 "创建"选项卡"放样"命令

(2)从中心点开始绘制,绘制 600×600 的正方形(见图 4-1-41),点击"完成编辑模式"按钮(见图 4-1-42)。

(3)点击"修改|放样"选项卡→"编辑轮廓"命令(见图 4-1-43),在弹出的"转到视图"对话框中选择"立面:右",点击"打开视图"(见图 4-1-44)。

图 4-1-39 "修改|放样"上下文选项卡"绘制路径"命令

图 4-1-40 "绘制"面板"直线"命令

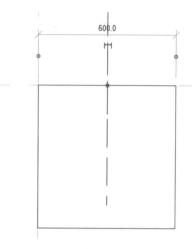

图 4-1-41 绘制 600×600 的正方形

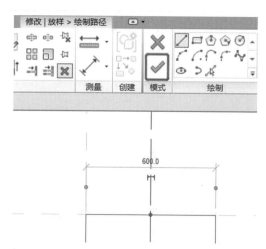

图 4-1-42 放样"绘制路径"选项卡"完成编辑模式"按钮

图 4-1-43 "修改|放样"选项卡"编辑轮廓"命令

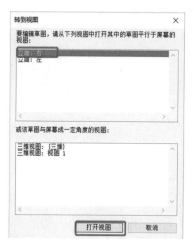

图 4-1-44 放样的"转到视图"对话框

（4）选择"编辑轮廓"选项卡的"绘制"面板的"直线"命令（见图 4-1-45），对其轮廓进行绘制。

图 4-1-45 "编辑轮廓"选项卡"直线"命令

（5）如图 4-1-46 所示，从中心点向下绘制长度为 260 的直线，并按照图 4-1-37 所示的尺寸绘制其余直线，如图 4-1-47 所示。

（6）以图 4-1-48 所示的终点为起点，向上绘制长度为 40 的直线，再向左绘制长度为 20 的直线，连接首尾点，以勾股定理确定斜线的位置及长度，将多余的两条线删除，并用同样的方法绘制上方斜线，点击"完成编辑模式"按钮（见图 4-1-49）。

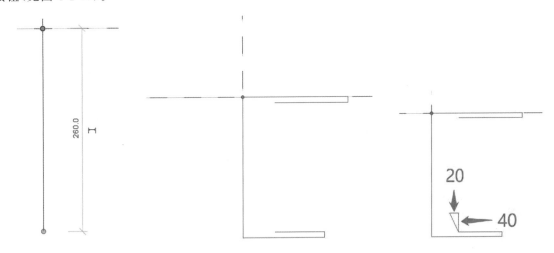

图 4-1-46 中心点向下绘制直线   **图 4-1-47 绘制其余直线**   **图 4-1-48 连接首尾点**

（7）切换至三维，再次点击"修改|放样"上下文选项卡中的"完成编辑模式"按钮（见图 4-1-50），切换至三维视图，完成绘制（见图 4-1-51），模型以"柱顶饰条"为文件名保存。

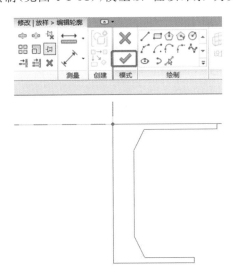

图 4-1-49 放样"编辑轮廓"选项卡
"完成编辑模式"按钮

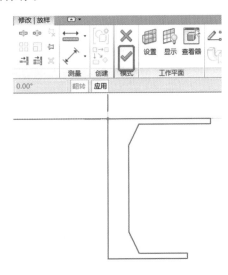

图 4-1-50 "修改|放样"上下文选项卡
"完成编辑模式"按钮

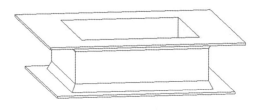

图 4-1-51　柱顶饰条三维视图

5. 放样融合

放样融合命令其实就是放样命令与融合命令的结合,可以通过绘制一个路径,完成两个面的融合,完成模型创建。

(1)点击"创建"选项卡→"形状"面板→"放样融合"命令(见图 4-1-52),进入"修改|放样融合"上下文选项卡,选择"放样融合"面板的"绘制路径"命令(见图 4-1-53)。

图 4-1-52　"创建"选项卡"放样融合"命令

图 4-1-53　"修改|放样融合"上下文选项卡"绘制路径"命令

(2)进入"绘制路径"选项卡后,选择"圆心-端点弧"命令(见图 4-1-54),向左 1500,点击鼠标左键,以确定半径(见图 4-1-55),以半圆为路径向右侧进行移动,到最近点点击鼠标左键以确定直径(见图 4-1-56),点击"完成编辑模式"以确认完成路径绘制(见图 4-1-57)。

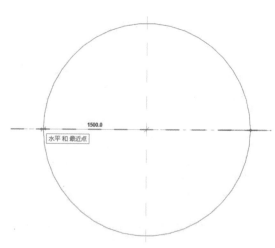

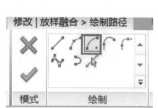

图 4-1-54　"绘制路径"选项卡"圆心-端点弧"命令

图 4-1-55　确定半径

(3)如图 4-1-58 所示,"修改|放样融合"上下文选项卡中有两个轮廓,图中所显示的蓝色的一方为软件现在所选的轮廓。如果已选中想要绘制的轮廓则直接点击"编辑轮廓";如不确定,可通过"选择轮廓 1"或"选择轮廓 2"进行选择后,点击"编辑轮廓"。

(4)点击"修改|放样融合"上下文选项卡→"放样融合"面板→"编辑轮廓"命令(见图 4-1-59),在弹出的"转到视图"对话框中选择"立面:前",点击"打开视图"(见图 4-1-60)。

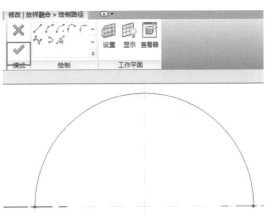

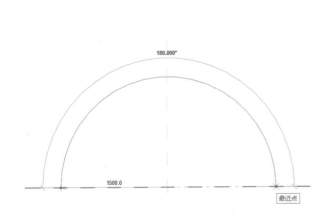

图 4-1-56　确定直径

图 4-1-57　放样融合"绘制路径"选项卡
"完成编辑模式"按钮

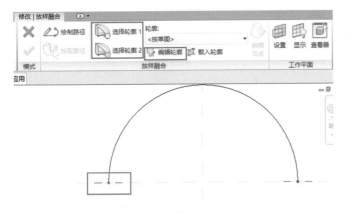

图 4-1-58　"修改|放样融合"选项卡"选择轮廓"命令

图 4-1-59　"修改|放样融合"上下文选项卡
"编辑轮廓"命令

（5）选择"圆形"命令（见图 4-1-61），选择亮显的那一端参照平面的中心点作为绘制的圆心点（见图 4-1-62），绘制一个半径为 80 的圆（见图 4-1-63），绘制完成后点击"完成编辑模式"（见图 4-1-64）。

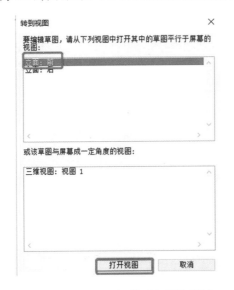

图 4-1-60　放样融合"转到视图"对话框

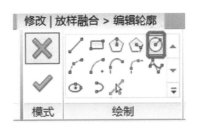

图 4-1-61　"编辑轮廓"选项卡"圆形"命令

图 4-1-62　圆心点示意图（一）

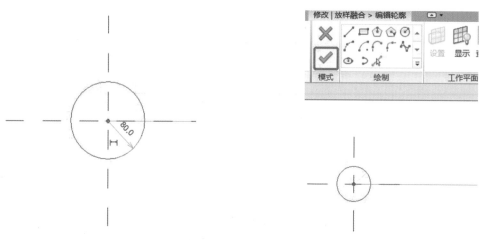

图 4-1-63　绘制圆示意图（一）　　　图 4-1-64　放样融合"编辑轮廓"选项卡"完成编辑模式"按钮（一）

　　（6）点击"选择轮廓 2"，随后点击"编辑轮廓"（见图 4-1-65），选择"圆形"命令（见图 4-1-61），选择亮显的那一端参照平面的中心点作为绘制的圆心点（见图 4-1-66），绘制一个半径为 120 的圆（见图 4-1-67），绘制完成后点击"完成编辑模式"（见图 4-1-68）。

图 4-1-65　"修改|放样融合"上下文选项卡选择轮廓并编辑

图 4-1-66　圆心点示意图（二）

图 4-1-67　绘制圆示意图（二）

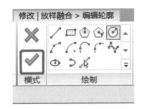

图4-1-68 放样融合"编辑轮廓"选项卡"完成编辑模式"按钮(二)

(7)绘制完成路径及两个轮廓后,点击"完成编辑模式"按钮(见图4-1-69),切换至三维视图,完成绘制(见图4-1-70)。

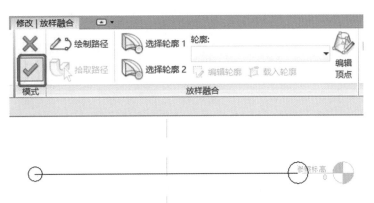

图4-1-69 "修改|放样融合"上下文选项卡"完成编辑模式"按钮

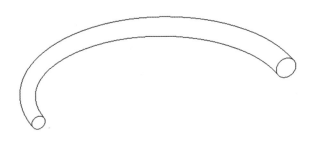

图4-1-70 族的三维视图

任务2 内建模型

内建模型所创建的模型也是族的一种,也叫内建族。与可载入族的创建方式不同,内建模型需要在项目中进行创建,且绘制方式与可载入族一致。

(1)以墙体实操中的文件为基础进行绘制,打开墙体文件。

(2)点击"建筑样板"对项目进行创建(见图4-1-71),点击"建筑"选项卡→"构建"面板→"构件"下拉三角号中的"内建模型"命令(见图4-1-72)。

图 4-1-71　新建项目界面"建筑样板"命令

图 4-1-72　"建筑"选项卡"内建模型"命令

（3）在弹出的"族类别和族参数"对话框中，可以根据需要选择族的类别，没有特殊要求的选择"常规模型"，选择后点击"确定"（见图 4-1-73），在弹出的"名称"对话框中，将名称修改为"门框装饰"，点击"确定"（见图 4-1-74）。

图 4-1-73　"族类别和族参数"对话框

图 4-1-74　"名称"对话框

（4）进入绘制界面后，可以看到，此界面与绘制族的界面一致，命令使用也一致（见图 4-1-75）。选择"创建"选项卡的"形状"面板的"放样"命令（见图 4-1-76）。

图 4-1-75　内建模型绘制界面

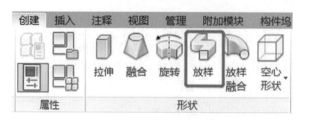

图 4-1-76　内建模型"创建"选项卡"放样"命令

项目实操 族创建

(1)图 4-1-77 所示为某牛腿柱的主视图、左视图和俯视图。请按图示尺寸要求建立牛腿柱模型。最终结果以"牛腿柱"为文件名称保存。

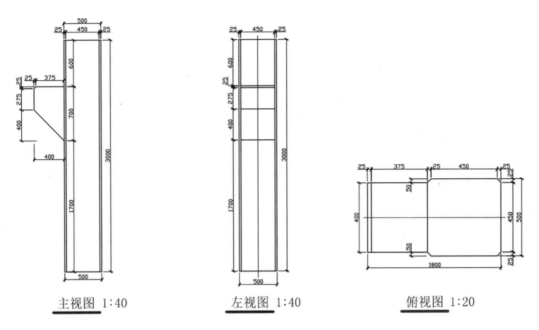

主视图 1:40   左视图 1:40   俯视图 1:20

图 4-1-77 某牛腿柱的主视图、左视图和俯视图

(2)根据给定的投影图及尺寸(见图 4-1-78),用构件集方式创建模型,请将模型文件以"纪念碑"为文件名保存。

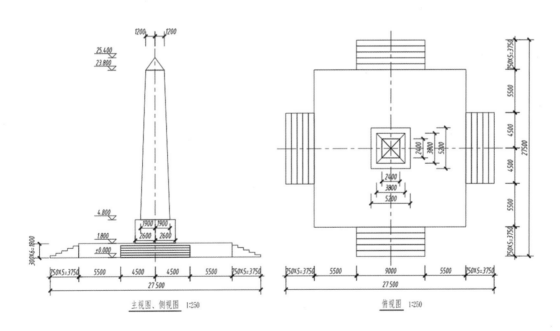

主视图、侧视图 1:250   俯视图 1:250

图 4-1-78 纪念碑的主视图、侧视图和俯视图

(3)根据给定尺寸(见图 4-1-79)建立六边形门洞模型,请将模型文件以"六边形门洞"为文件名保存。

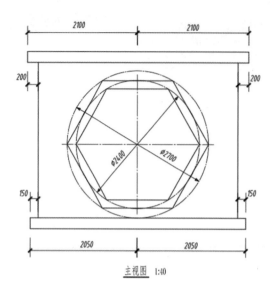
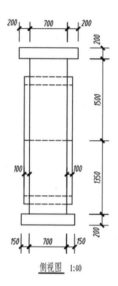

图 4-1-79　门洞模型的主视图和侧视图

项目 **2** 体量

Revit 提供了两种创建概念体量模型的方式:在项目中在位创建概念体量或者在概念体量族编辑器中创建独立的概念体量族。在位创建的概念体量仅可用于当前项目,而创建的概念体量族文件可以像其他族文件那样载入不同的项目。

任务 **1** 概念体量

要创建独立的概念体量族,点击"应用程序菜单"按钮,在列表中选择"新建"选项中的"概念体量"命令(见图 4-2-1),在弹出的对话框中选择"公制体量.rte"族样板文件,点击"打开"即可进入概念体量编辑模式(见图 4-2-2)。启动 Revit 时,在"最近使用的文件"界面中点击族类别中的"新建概念体量",同样可以进入概念体量的编辑状态(见图 4-2-3)。

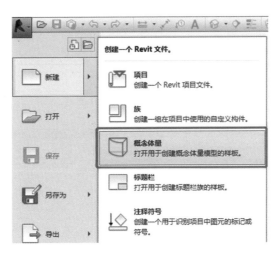

图 4-2-1 "新建"选项中的"概念体量"

1. 创建各种形状 ▼

使用"创建形状"工具可以创建两种类型的体量模型对象:实心模型和空心模型(见图 4-2-4)。一般情况下空心模型将自动剪切与之相交的实心模型,也可以自动剪切创建的实心模型。使用"修改"选项卡"几何图形"面板中的"剪切几何图形"和"取消剪切几何图形"命令,可以控制空心模型是否剪切实体模型(见图 4-2-5)。

"创建形状"工具将自动分析所拾取的草图,通过拾取草图形态可以生成拉伸、旋转、放样、融合等多种形态的对象。例如,在"体量"中,可以绘制两个矩形,利用"创建形状"工具,创建一个拉伸模型。

图 4-2-2 "选择样板文件"对话框

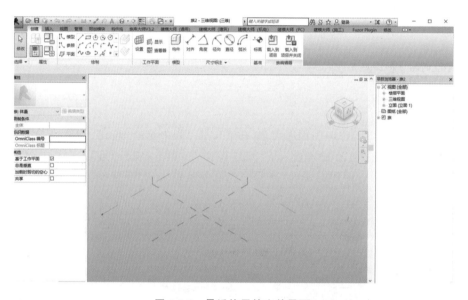

图 4-2-3 最近使用的文件界面

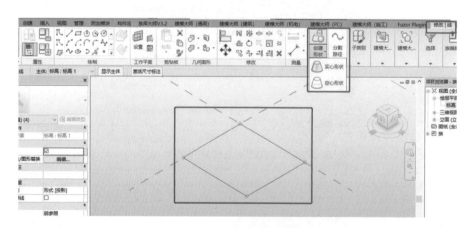

图 4-2-4 "创建形状"页面

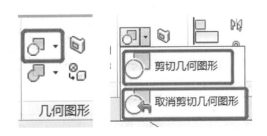

图 4-2-5 "几何图形"面板

2. 创建概念体量

(1)要创建概念体量,首先要创建标高,以便在相应平面视图绘制几何形状,将视图切换到任意立面,点击"创建"选项卡→"基准"面板→"标高"命令,创建与标高 1 相距 20 000 mm 的标高 2(见图 4-2-6)。

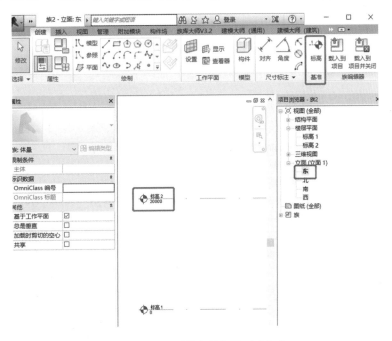

图 4-2-6 "创建"选项卡"标高"命令

(2)将视图切换至标高 1,选择"创建"选项卡的"绘制"面板中的"矩形"命令,绘制长度为 40 000 mm、宽度为 30 000 mm 的矩形(见图 4-2-7)。

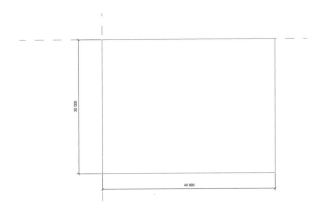

图 4-2-7 绘制矩形示意图

（3）将视图切换至标高 2，使用"圆形"命令在标高 2 绘制一个半径为 20 000 mm 的圆形（见图 4-2-8）。

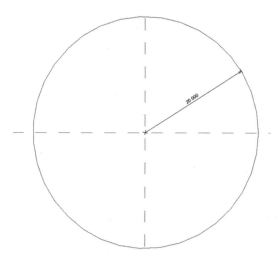

图 4-2-8　绘制圆形示意图

（4）将视图切换至三维，按键盘的"Ctrl"键配合加选两个形状，点击"修改|线"选项卡→"形状"面板→"创建形状"→"实心形状"命令（见图 4-2-9）。

（5）完成形状绘制（见图 4-2-10）。

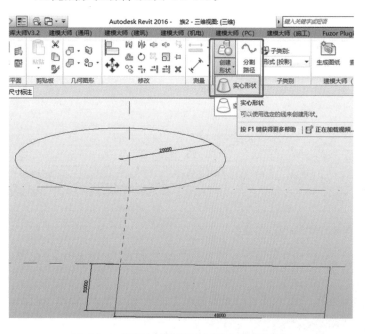

图 4-2-9　"修改|线"选项卡"实心形状"命令

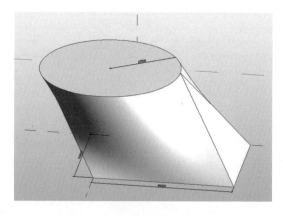

图 4-2-10　概念体量三维视图

任务 2　内建体量

（1）新建一个项目文件，点击"体量和场地"选项卡→"概念体量"面板→"内建体量"命令，在弹出的"名称"对话框中输入所创建的体量模型的名称（见图 4-2-11）。

（2）填写完成后可在项目标高中创建相应形状，命令与单独创建体量一致，绘制完成后，将"视图样式"调整为"真实"，点击"修改"选项卡→"在位编辑器"面板→"完成体量"命令（见图 4-2-12）。

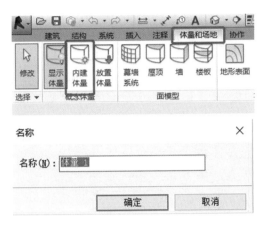

图 4-2-11 "体量和场地"选项卡"内建体量"命令

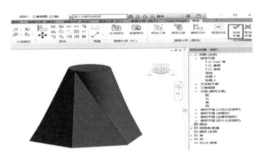

图 4-2-12 "修改"选项卡"完成体量"命令

任务3 面模型的创建

在进行概念设计时,除通过体量模型推敲建筑概念形态外,还要了解体量模型可以导入项目,通过操作得到相应的实体模型。

1.体量楼层

此工具为体量模型匹配项目中的相应标高,以创建楼板。注意:体量模型楼板创建须以体量楼层为基础。

在项目的任意立面视图创建 5 个间距为 5000 mm 的标高(见图 4-2-13),将视图切换至"三维",鼠标左键选择创建好的体量模型,点击"修改|体量"→"模型"面板→"体量楼层"命令(见图 4-2-14),在弹出的"体量楼层"对话框中,勾选全部标高,点击"确定"按钮,完成"体量楼层"添加(见图 4-2-15)。

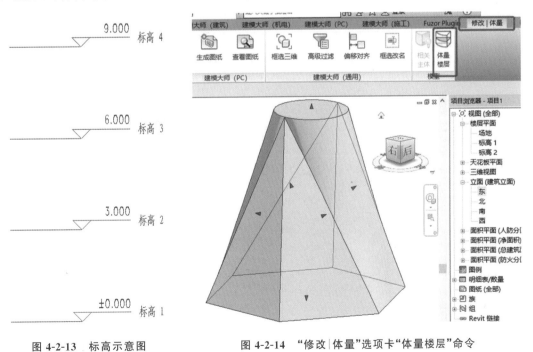

图 4-2-13 标高示意图

图 4-2-14 "修改|体量"选项卡"体量楼层"命令

2. 面楼板 ▼

　　要从体量实例创建面楼板,可以使用"面楼板"工具或"楼板"工具。要使用"面楼板"工具,应先创建体量楼层。

　　在三维视图中,点击"体量和场地"选项卡→"面模型"面板→"楼板"命令(见图4-2-16),将"视图样式"更改为"着色",拉框选择多个"体量楼层"(见图4-2-17),此时"创建楼板"命令亮显(见图4-2-18),鼠标左键点击选择,完成面楼板绘制(见图4-2-19)。

图 4-2-15　体量楼层页面

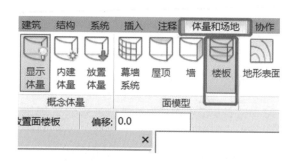

图 4-2-16　"体量和场地"选项卡"楼板"命令

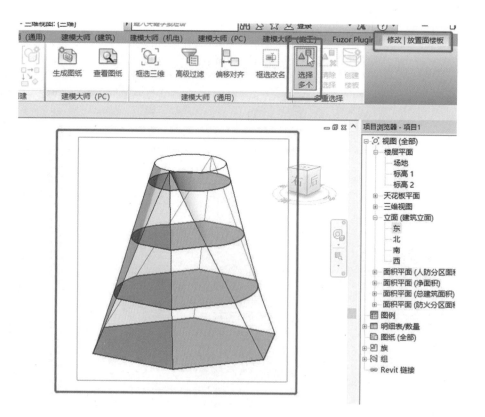

图 4-2-17　"修改|放置面楼板"界面"选择多个"命令

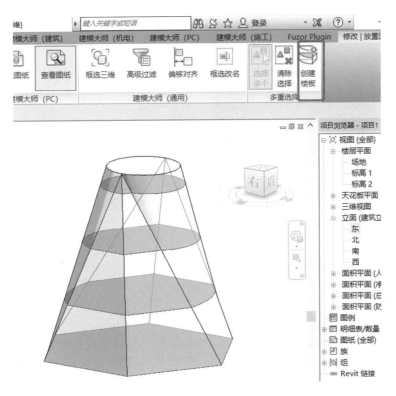

图 4-2-18 "修改|放置面楼板"界面"创建楼板"命令

3. 面墙

使用"面墙"工具,通过拾取线或面从体量实例创建墙。此工具可以将墙放置在体量实例或常规模型的非水平面上。

在三维视图中,点击"体量和场地"选项卡→"面模型"面板→"墙"命令(见图 4-2-20),在"属性"面板选择或复制所需要的墙类型,选项栏中对面墙的设置与墙相同,设置完成后,点选需要在体量模型中添加墙的面即可(见图 4-2-21)。

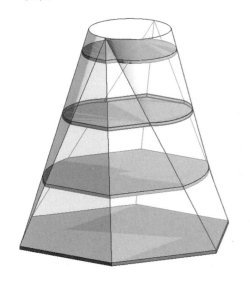

图 4-2-19 面楼板三维视图

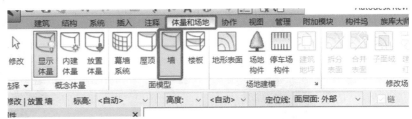

图 4-2-20 "体量和场地"选项卡"墙"命令

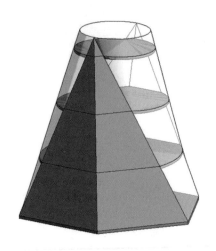

图 4-2-21　面墙三维视图

4.幕墙系统 ▼

可以在体量面或常规模型上创建幕墙系统。

在三维视图中，点击"体量和场地"选项卡—"面模型"面板—"幕墙系统"命令（见图 4-2-22），在"属性"面板选择或复制所需要的幕墙类型，与面楼板类似，选择需要创建幕墙的面，点击"修改|放置面幕墙系统"选项卡→"创建系统"命令（见图 4-2-23），完成幕墙系统创建（见图 4-2-24）。

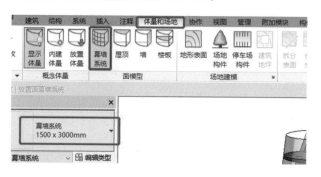

图 4-2-22　"体量和场地"选项卡"幕墙系统"命令

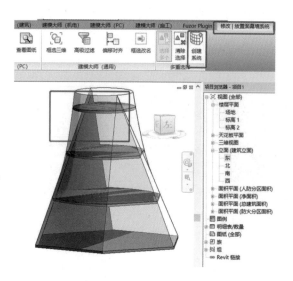

图 4-2-23　"修改|放置面幕墙系统"选项卡"创建系统"命令

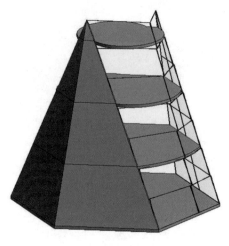

图 4-2-24　幕墙系统三维视图

5. 面屋顶 ▽

面屋顶使用"面屋顶"工具在体量的任何非垂直面上创建。

在三维视图中,点击"体量和场地"选项卡→"面模型"面板→"屋顶"命令(见图 4-2-25),在"属性"面板选择或复制所需要的屋顶类型,选项栏中对面屋顶的设置与屋顶相同,与面楼板类似,选择需要创建面屋顶的面,点击"修改|放置面屋顶"选项卡→"多重选择"面板→"创建屋顶"命令(见图 4-2-26),完成面屋顶绘制(见图 4-2-27)。

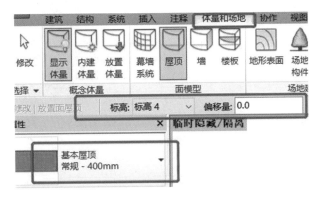

图 4-2-25 "体量和场地"选项卡"屋顶"命令

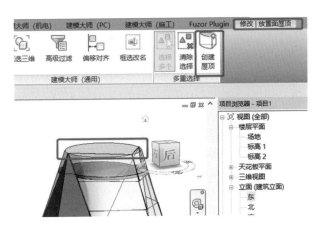

图 4-2-26 "修改|放置面屋顶"选项卡"创建屋顶"命令

图 4-2-27 面屋顶三维视图

项目实操 体量的创建

创建如图 4-2-28 和图 4-2-29 所示的模型:①面墙为"常规-200mm 厚面墙",定位线为"核心层中心线";②幕墙系统为网格布局 600 mm×1000 mm(即横向网格间距为 600 mm,竖向网格间距为 1000 mm),网格上均设置梃,竖梃均为圆形,竖梃半径为 50 mm;③面屋顶为"常规-500mm"屋顶;④面楼板为"常规-150mm"板,标高 1 至标高 6 上均设置面楼板。

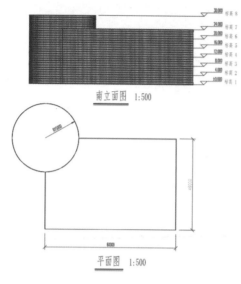

图 4-2-28　模型南立面图和平面图

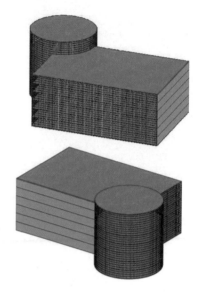

图 4-2-29　模型三维效果图

参 考 文 献

［1］柏慕进业. AUTODESK REVIT ARCHITECTURE 2017 官方标准教程［M］. 北京：电子工业出版社，2017.

［2］卫涛，柳志龙，晏清峰. 基于 BIM 的 Revit 机电管线设计案例教程［M］. 北京：机械工业出版社，2020.

［3］孙仲健. BIM 技术应用——Revit 建模基础［M］. 北京：清华大学出版社，2018.

［4］柏慕进业. AUTODESK REVIT MEP 2016 管线综合设计应用［M］. 北京：电子工业出版社，2016.

［5］李恒，孔娟. Revit 2015 中文版基础教程［M］. 北京：清华大学出版社，2015.

［6］李鑫. 中文版 Revit 2016 完全自学教程［M］. 北京：人民邮电出版社，2016.

［7］柏慕进业. AUTODESK REVIT ARCHITECTURE 2016 官方标准教程［M］. 北京：电子工业出版社，2016.

［8］黄亚斌，王全杰，杨勇. Revit 机电应用实训教程［M］. 北京：化学工业出版社，2015.